高等院校艺术设计类专业系列教材

书籍装帧

设计原理与实战策略

陈侃　曾丹　编著

清華大学出版社
北京

内容简介

书籍装帧设计是艺术设计类专业学生的必修课程。它指的是从书籍文稿到成书出版的整个设计过程，包含了对艺术思维、构思创意和技术手法的系统运用。

本书全面系统地讲解了书籍装帧设计的基本概念和原理，以及实践过程中所面对的各种技术问题和解决方法，并详细介绍了书籍装帧设计的创意和制作流程。全书共分7章，内容包括书籍装帧设计的概念、发展历程，书籍装帧设计的整体规划和版面编排设计，书籍装帧设计的视觉化表达，书籍的插图在设计中的作用及表现方式，书籍的印前设计与制作，以及印刷工艺对书籍装帧设计制作的影响。

本书可作为高等院校艺术设计类专业的教材，也可作为从事艺术设计、广告设计、书籍装帧设计、包装设计人员的参考用书。

图书在版编目(CIP)数据

书籍装帧设计原理与实战策略 / 陈侃，曾丹编著. —北京：清华大学出版社，2022.7（2024.7重印）
高等院校艺术设计类专业系列教材
ISBN 978-7-302-60426-6

Ⅰ. ①书… Ⅱ. ①陈… ②曾… Ⅲ. ①书籍装帧－设计－高等学校－教材 Ⅳ. ①TS881

中国版本图书馆CIP数据核字(2022)第052816号

责任编辑：李 磊
封面设计：陈 侃
版式设计：孔祥峰
责任校对：成凤进
责任印制：杨 艳

出版发行：清华大学出版社
网 址：https://www.tup.com.cn，https://www.wqxuetang.com
地 址：北京清华大学学研大厦A座 **邮 编**：100084
社 总 机：010-83470000 **邮 购**：010-62786544
投稿与读者服务：010-62776969，c-service@tup.tsinghua.edu.cn
质 量 反 馈：010-62772015，zhiliang@tup.tsinghua.edu.cn
印 装 者：三河市铭诚印务有限公司
经 销：全国新华书店
开 本：185mm×260mm **印 张**：9.75 **字 数**：242千字
版 次：2022年8月第1版 **印 次**：2024年7月第2次印刷
定 价：59.80元

产品编号：078715-01

高等院校艺术设计类专业系列教材

编委会

序

“平面设计”英文为 graphic design，美国书籍装帧设计师威廉·阿迪逊·德维金斯 (William Addison Dwiggins) 于 1922 年提出了这一术语。他使用 graphic design 来描述自己所从事的设计活动，借以说明在平面内通过对文字和图形等进行有序、清晰地排列完成信息传达的过程，奠定了现代平面设计的概念基础。

广义上讲，从人类使用文字、图形来记录和传播信息的那一刻起，平面设计就出现了。从石器时代到现代社会，平面设计经历了几个阶段的发展，发生过革命性的变化，一直是人类传播信息的过程中不可或缺的艺术设计类型。

随着互联网的普及和数字技术的发展，人类进入了数字化时代，“虚拟世界联结而成的元宇宙”等概念铺天盖地袭来。与大航海时代、工业革命时代、宇航时代一样，数字时代也具有一定的历史意义和时代特征。

数字化社会的逐步形成，使媒介的类型和信息传达的形式发生了很大转变：从单一媒体发展到多媒体，从二维平面发展到三维空间，从静态表现发展到动态表现，从印刷介质发展到电子媒介，从单向传达发展到双向交互，从实体展示发展到虚拟空间。相应地，平面设计也进入了一个新的发展阶段，数字化的艺术设计创新必将成为平面设计领域的重点。

当今时代，专业之间的界限逐渐模糊，学科之间的交叉融合现象越来越多，艺术设计教育的模式必将更多元、更开放，突破传统、不断探索并开拓专业的外延是必然趋势。在这样的专业发展趋势下，艺术设计的教学应坚持现代技术与传统理念相结合、科技手段与人文精神相结合，从艺术设计本体出发，强调独立的学术精神和实验精神，逐步形成内容完备的教材体系和特色鲜明的教学模式。

本系列教材体现了交叉性、跨领域、新型学科的诸多“新文科”特征，强调发展专业特色，打造学科优势，有助于培养具有良好的艺术修养和人文素养，具备扎实的技术能力和丰富的创造能力，拥有前瞻意识、创新意识及开拓精神、社会服务精神的高素质创新型艺术设计人才。

本系列教材基于教育教学的视角，从知识的实用性和基础性出发，不仅涵盖设计类专业的主要理论，还兼顾学科交叉内容，力求体现国内外艺术设计领域前沿动态和科技发展对艺术设计的影响，以及艺术设计过程中展现的数字设计形式，希望能够对我国高等院校艺术设计类专业的教育教学产生积极的现实意义。

天津美术学院视觉设计与手工艺术学院院长、教授

前　言

书籍是人类文明最重要的载体之一，在如今这个信息化的时代，纸质书籍依然有着强劲的生命力。优秀的装帧设计能够精确地表达书籍的内容、特色，且赋予书籍更高的审美价值。在我国，书籍装帧设计始终是高等院校艺术设计类专业的重要课程，受到相关专业学生和教师的重视。其不断升级的知识体系和艺术表现方式也受到专业设计师的关注。

目前，市面上各种关于装帧设计的书籍可谓层出不穷，但是专业性强、完整地讲解书籍设计与制作过程的书却少之又少，即真正有针对性地指导实际操作的书籍很少。本书结合实际案例，介绍书籍形式从平面化到立体化的过程，即由文稿到最终书籍形态的演变，清晰解读书籍制作的过程与细节。

书籍设计虽归属于平面设计领域，但同时书籍是由多种页面组成的形态结构，所以没有空间意识的设计师很难将书籍设计得尽善尽美。本书在注重设计理念与设计原则的基础上，讲述了如何灵活运用设计技巧来营造书籍的体态美，并使其与书籍主题思想完美统一。

一本书通常包含函套、护封、封面、环衬、扉页、版权页、前言、目录页、内文页等元素，印制环节还需要进行材料选择、拼版印刷、折叠装订等程序。从设计的视角来看，书籍装帧设计包含封面设计、开本设计、版面设计、字体设计、图形设计、插图设计、印前设计、装订设计等内容。本书将这些内容以章节的形式进行划分并详细讲解，目的是让读者深刻领会书籍装帧设计的核心理念，提高对书籍视觉语言的理解能力。

本书依据高等院校书籍装帧设计课程的教学思路进行设计，全方位讲解书籍装帧设计的原理与方法，从基础理论知识入手，循序渐进地为读者呈现出一个精彩、实用的书籍装帧创意思路，以书籍演化发展的视角分析传统书籍的结构形态，以及其对现代书籍设计的影响。

为便于学生学习和教师开展教学工作，本书提供立体化教学资源，包括教学大纲、PPT 课件、Photoshop 视频教程等，读者可扫描右侧二维码获取。

教学资源

本书中的设计案例，借鉴了许多国内外优秀设计师的作品，也有一些出自我国高等院校书籍装帧设计课程的学生作业。由于时间仓促，未能逐一注明作品出处，在此向各位创作者表示诚挚的谢意。受作者水平所限，书中疏漏之处在所难免，恳请广大读者朋友批评指正。

编　者

2022.2

目　录

第 1 章　书籍装帧设计概述

本章概述：

本章主要介绍书籍装帧设计的基本概念及意义，展现书籍各部分的名称及整体结构。

教学目标：

理解书籍装帧设计是一种包含多种元素的整体设计，而不仅仅是通常理解的封面设计和内文版面的编排。

本章要点：

认识到书籍结构的特征不是孤立存在的，书籍装帧设计是解读各种关系的设计。

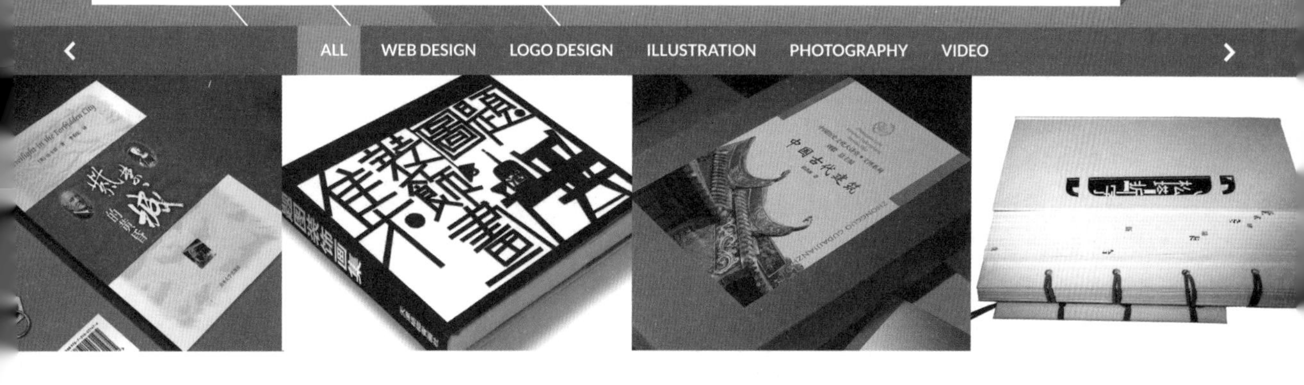

1.1 书籍的形成与意义

在文字发明以前的远古时期，人们依靠歌声来交流思想和传递情感，他们起床有歌，劳动有歌，吃饭有歌，高兴有歌，悲哀也有歌，歌是原始部落人民沟通情感的重要载体。后来原始人又将生活中积累的各种物资用图形进行表达。随着人类文明程度的不断发展，人们将歌声和生活中的图形符号不断概括提炼，总结成最原始的文字符号，殷商时期的人类用身边废弃动物的骨骼和龟甲作为记录文字符号的载体，甲骨文的出现标志着人类储存智慧的手段进入了一个新的阶段，也使储存信息的方式进一步完善。甲骨是人类至今发现的最早记录信息的实物载体，也是结构相对完整的原始书籍形态，它为我国后来书籍形态的发展及结构的创新奠定了坚实的基础。

从人类文明的发展进程可以看出，人类积累智慧的方式主要包含两种：一是以实物的方式记载，如建筑、桥梁、工具、武器等；二是以书籍作为载体及媒介。由于文字的发明是以人类的需求为前提，是最简单、直白地记载人类信息的方式，而文字的载体书籍也是人类传递智慧的主要手段。文字和书籍的出现使人类积累知识与常识的进程进一步加快，尤其是书籍，为人类社会的飞跃发展提供了坚实的基础，人类文明的发展速度呈现几何级增长，这也是我们如此重视书籍的原因。

书籍内容的发展变化、艺术创新一定与人类的社会需求和科技进程相关，纵观书籍艺术的发展，它融汇了人类对物质文明和精神文明的追求，也融汇了劳动人民和知识分子的聪明智慧。书籍是人类获取知识的重要载体，它的普及与发展有效地提升了全人类的文明和科学技术水平。人们通过书籍获取前人遗留下的宝贵智慧，也依靠书籍将现代的文化智慧留给未来。

书籍从它诞生的那天开始就不断经受人类科技文明进步的考验，如当今计算机技术的普及和手机网络技术运算能力的提高，对纸质书籍的发展造成前所未有的压力。但书籍也一直在不断努力变换自身形态，以适应科技的发展，如电子书的出现就是应对科学技术发展对书籍艺术造成影响的方式。由于现代社会人们获取信息的通道进一步拓展，书籍已不是传统意义的书籍，不单是存储文字信息的载体，书籍形态的个性化也逐渐成为未来书籍创意的主流。

1.2 书籍装帧设计的基本概念

书籍的历史悠久，人类社会科技发展到哪个阶段，就会出现特定的适应那个时代的书籍形式，所以不同时期的书籍形态都会有与之相适应的书籍定义。但无论如何发展，书籍的本质核心概念没有变，即书籍是人类储存信息的重要物质载体。

书籍装帧设计的概念是对书籍载体的内在结构和外在形态，以及书籍的材料和印刷方式进行的整体性的设计规划。这种规划包含书籍的所有视觉元素表达，如版面编排、插图设计、封面设计、拼版、材料的选择、印刷手段等。

书籍是由纸张组合成的信息载体，因此每一个页面的形象文字编排都关系到整套书的形象是否协调。图 1-1 为《松塔哲学》的书籍装帧设计，通过折页和手工制作的方式使书籍的整体风格与标题的字体设计相联系，非常好地结合了书籍的内在结构。

图 1-1

1.3 书籍装帧设计的意义与目的

书籍是人类社会有价值的文化信息符号的载体，其最重要的功能是存储信息、传播智慧，推动着人类社会方方面面的文明进程。

我们知道书籍是通过人类阅读才能体现其价值，因此书籍自身应具有一种能与读者进行互动交流的能力，使人们在阅读的过程中更加放松、愉悦、流畅，书籍结构本身所透露的视觉信息、触觉信息和听觉信息潜移默化地影响着人们的心境。书籍装帧设计的意义也就在这里，它的目的是将书籍的人性化特征表现出来，也就是读者从书籍的文字编排和布局中感受到的一种特有气质，或是对书籍整体风格的期待。

图 1-2 为《题图装饰画集》的书籍封面设计效果图，封面中个性化的字体设计为书籍增加了趣味性和艺术性。

图 1-2

图 1-3 为《紫禁城的黄昏》的书籍装帧设计，过程涉及策划、整理、编排设计、印刷、装订成册，目的是使书籍的整体风格与其内在精神达到完美统一，使书籍的结构体态信息和主题内涵协调一致，这也就是书籍装帧设计的意义和目的。

图 1–3

1.4 书籍装帧设计的结构和形态

书籍的结构和形态是劳动人民在生产过程中不断探索发现和创新的结果，不同时期的生产力水平决定人们对自然界的认识、理解与开发，也决定书籍的组织构架。由于书籍的形态在历史沿革中受生产力的制约而有所变化，因此为书籍选择不同的装帧材料便会创造性地开发出崭新的书籍形式，不同外在形态的书籍其内在结构也相应改变。

我们的先人在远古时期利用身边的材料创造出最古老的书籍形式，如甲骨、简牍，当人类发明创造出帛和纸以后，书籍的形式又有了新的面貌，如卷轴装、经折装 (见图 1–4)，再到后来的蝴蝶装、包背装和线装等，它们的外在材料形态和内在结构的变化都随着劳动生产力的提高出现了巨大变化。

图 1–4

1.5 书籍的各组成部分

书籍是由很多页组成的整体，因此熟悉书籍各个组成部分的功能和意义是设计师做好书籍装帧设计的前提。

从认知学的视角来看，书籍的结构好比建筑，它们有非常相似的语言特征。建筑不仅有外在的形象，要了解它还需要走进其内部空间，从大门到院落、楼道再到每个房间，一层一层地通过人的视角用心体会建筑带给你的美感。书籍也是这样，解读一本书时读者需要打开书籍，从封面、扉页、目录、前言开始，然后走进书籍的核心内容，再到后记、封底，直至结束书籍的阅读。

作为传达信息和知识的书籍，其结构比招贴和标志更加复杂，它的复杂性在于它的整体性语言结构丰富，图 1–5 对书籍的结构进行了解读。

书籍最外面是函套，函套是把书籍放进一个纸板做的书函，起保护书籍的作用（见图 1–6）；然后是护封（见图 1–7）；护封的里面是封面（见图 1–8）；打开封面是前环衬（见图 1–9）。书的内页中，首先是扉页（见图 1–10），然后是正文前的书籍信息介绍，依次为版权页、前言页（见图 1–11）、目录页（见图 1–12）；再后面为内文页，包括章节页、正文页（见图 1–13）。书的最后是与前面对应的后环衬、封底等。

此外，书籍装帧设计还包含开本的选择（见图 1–14）、字体的设计（见图 1–15）、插图的绘制（见图 1–16）、排版、输出、印刷，以及纸张的选择与装订方式等。

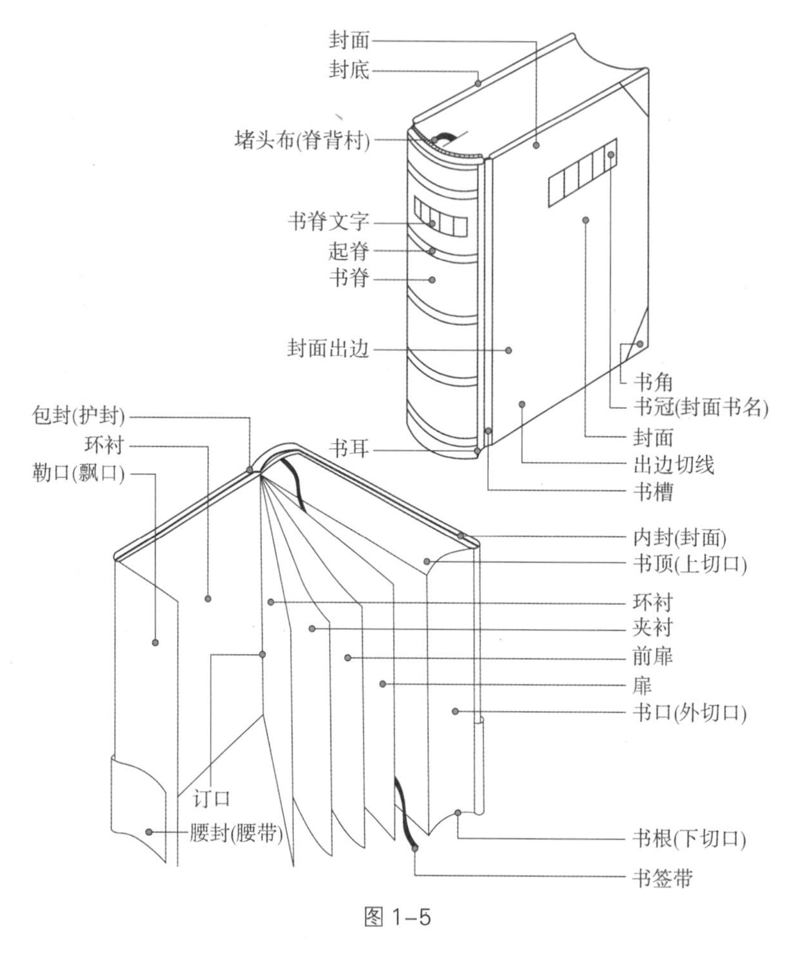
封面
封底
堵头布(脊背村)
书脊文字
起脊
书脊
封面出边
书角
书冠(封面书名)
封面
出边切线
书槽
书耳
包封(护封)
环衬
勒口(飘口)
内封(封面)
书顶(上切口)
环衬
夹衬
前扉
扉
书口(外切口)
订口
腰封(腰带)
书根(下切口)
书签带

图 1-5

函套
中国古代建筑
ZHONGGUO GUDAIJIANZHU
中国历史文化大讲堂・文博系列
刘毅 总主编
中国古代青铜器
中国古代佛教

图 1-6

护封
20世纪美国最佳演说精选（二）
南开大学出版社
定价：25.00 元
Selected Readings
of American Speeches in
20th Century
TOP
50 SPEECHES
20世纪美国最佳
演说精选（二）
南开大学出版社

图 1–7

封面
高等院校艺术设计类专业系列教材
书籍装帧设计原理与实战策略
Design Book
高等院校艺术设计类专业系列教材
书籍装帧
设计原理与实战策略
全彩印刷
Book Binding Design
Principle And Practical Strategy
清华大学出版社
定价：59.80元

图 1–8

环衬
酒
化酒
成诗

图 1–9

图 1–10

图 1–11

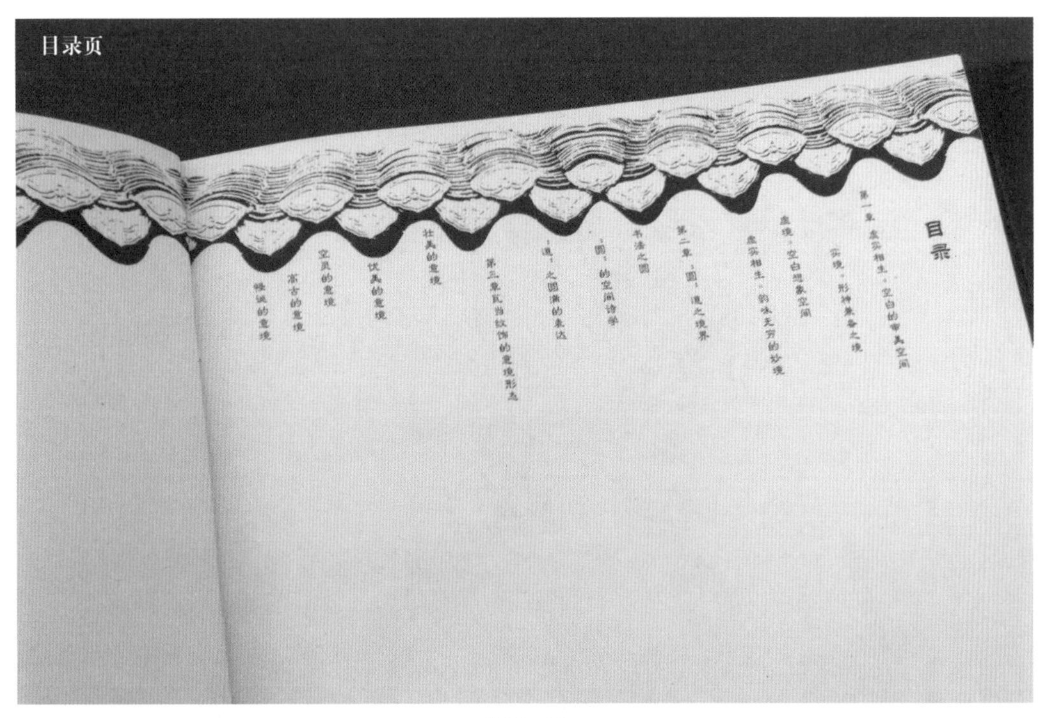

图 1–12

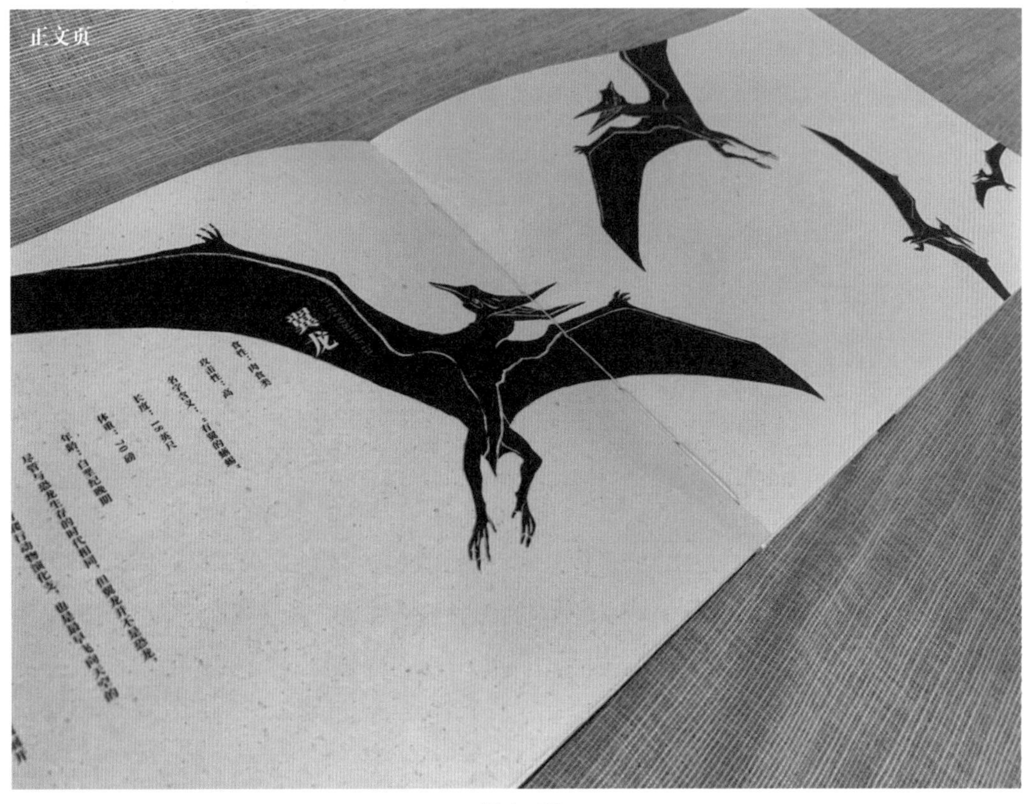

图 1–13

图 1-14

图 1-15

图 1–16

第 2 章　书籍装帧设计的发展

本章概述：

本章主要介绍书籍装帧设计的产生环境及历史发展沿革，厘清传统书籍与现代书籍的关联性，以及对现代书籍装帧设计的影响。

教学目标：

从历史发展的角度，了解书籍装帧设计的相关内容。

本章要点：

充分理解中国书籍装帧设计的产生与发展情况，以及西方现代印刷技术的出现对书籍装帧设计观念造成的影响。

2.1　中国书籍装帧设计的发展与变化

2.1.1　原始的书籍形态

在人类社会由原始社会向现代文明社会发展的过程中，书籍起到了非常重要的作用。书籍是传播思想、传达信息和积淀文化知识的物质载体，与语言、文字、文学、艺术、科学和技术的发展息息相关，它记录了人类社会由原始的文明阶段逐步发展成现代文明的所有信息，人们通过书籍了解自然世界、认知社会生活。

虽然我们和书籍的关系这么密切、熟悉，可如果让我们为书籍下个定义的话，还是很难用一句话说清的，这是因为书籍是随着人类科学水平的提高而不断发展和变化的，不同时期的科学技术会催生不同的书籍形式。

装帧艺术的含义在不同时期也是不同的，最早的书籍装帧形式与今天的装帧形态是有很大区别的。我们在研究书籍装帧特别是古籍的书籍装帧时，必然要与当时的经济条件，即物质条件和技术条件相联系，它不能脱离书籍本身的条件而独立发展。例如，在纸张和印刷术发明之前，书籍就已经产生并供人们使用，只不过那时书籍的载体材料是竹片、木片或丝织品等，书籍的制作也不是通过印刷，是依靠手写或是刀刻。而在竹和丝织品之前，书籍的载体形式还有甲骨文。可见，早期的书籍形态非常丰富，也奠定了我国书籍的基本形式结构。

1. 甲骨文

甲骨文的出现给人类文明带来了巨大的惊喜，它是人类系统记录文明、智慧的创造性符号。甲骨文被当时的统治者视为神的文字符号，在遇到祭祀、征战、狩猎、疾病等重要的事情时，都要占卜一下吉凶，其目的是增加族群的凝聚力来抵御外敌。经考古发现的龟甲上多有打孔的痕迹，可能是便于用绳子串联成册，方便人们阅读，因此甲骨文也被称为龟册，这应该称得上是书籍的最早形态。甲骨文的发现，使人们有了能够解释汉字起源和书籍发展的路径（见图 2–1）。

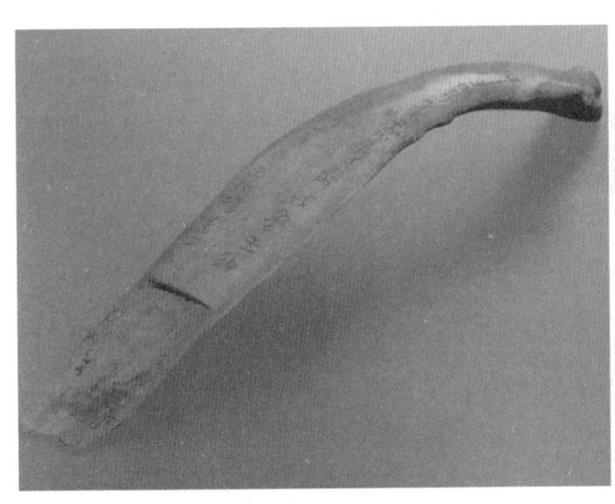

图 2–1

2. 石鼓文和金文

石鼓文可以说是挪不动的石头书，秦汉时期盛行石刻文字，以碣（在天然形状的石头上刻写文字）、碑（在人为加工成型的石料上刻写文字），摩崖（在天然的石壁上刻写文字）等形式记录经典著作和帝王的丰功伟绩，具有供大众阅读的功能。

东汉时期的《熹平石经》是我国历史上最早的官定儒家经典刻石，是由东汉文学家、书法家蔡邕与几位书法家用汉隶书刻写的，作为经书的标准范例，刻在 46 块石碑上，立于洛阳的太学门外，供人们阅读传抄。《后汉书・蔡邕传》中记载：“及碑始立，其观视及摹写者，车乘日千余辆，填街塞陌。”可见当时其在社会上产生的空前反响。

秦汉时期的很多碑刻都具有石头书的特征，从书籍的概念和定义来看，石头书就是不能随意搬动的书，这是石鼓文最大的特征（见图 2–2）。

图 2–2

1928—1937 年，在河南安阳城外人们发现了大量的惊世的精美青铜器，这些青铜器作为礼器是国家重要活动的祭祀器皿，人们用青铜铭文祭祀先人的功绩。值得研究的是，青铜器上面铭文的意义和文字结构的排列 (见图 2–3)。这一发现使专家们第一次获得了大量纯正而有明确年代标志的青铜器铭文，常规青铜器铭文经常只有一个字或是标志，可能是姓氏或族徽，而对于身份较高的贵族阶层，往往会在青铜器上铸有较长的信息，如记述器皿问世的经过，谁下令制作的，为了纪念某个人或某个事件。20 世纪 70 年代，大约有 5000 件带有铭文的商周时期的青铜器出土，铭文中出现近 2000 个与今天的汉字相似的金文 (见图 2–4)。无论在青铜器上还是在甲骨上，我们看到的文字都是高度概括的符号。

图 2–3

图 2–4

3. 简牍

简牍是我国古代对写有文字的竹简与木牍的概称，也是我国最早的书籍形式 (见图 2–5)，它比甲骨文更接近后来书籍的结构。用简牍制书出现于商代，沿用时间很长，大致从公元前 14 世纪至 2 世纪，它对后世书籍制度产生了深远的影响。以简牍形式编排的书籍直到今天依然保留，一些介绍传统文化底蕴内容的书籍往往采用简牍编排格式，很多应用至今的有关书籍的名称都起源于简牍，如“册”“卷”“章”“节”等。

简牍分为竹制和木制两种。用竹材料制作，是将竹竿截断做成一厘米宽的竹条，经过烘干加工后，在竹条上写文字，单片的竹条称为“简”(见图 2–6)，将写好文字的简用麻绳串在一起则被称作简册 (见图 2–7)；以木为材料制作，是把树木截成长短大小一样的木条，并用工具刮成薄板后在木条上面写上文字，这种形式称为“牍”。“简牍”形态是人类在生产力低下的时代伟大的发明创造，它摆脱了将信息记录在甲骨上易腐烂的问题，使知识与智慧得以被大量保存下来，为人类的进步做出重要的贡献。

图 2-5

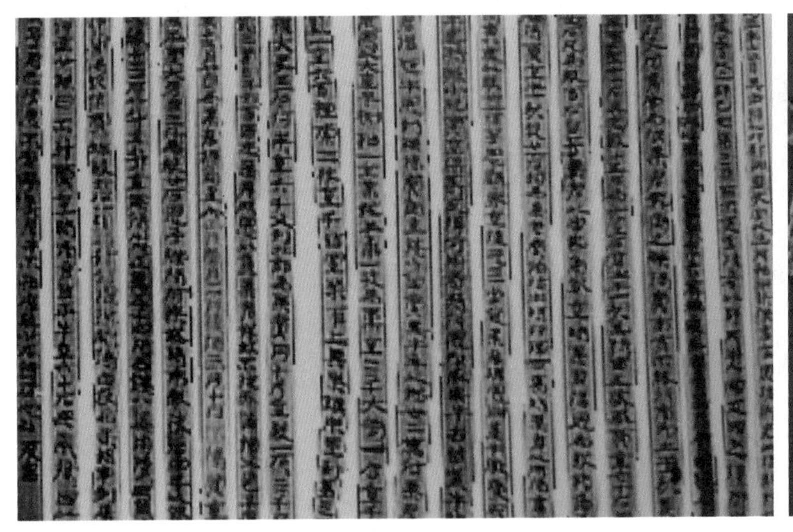

图 2-6

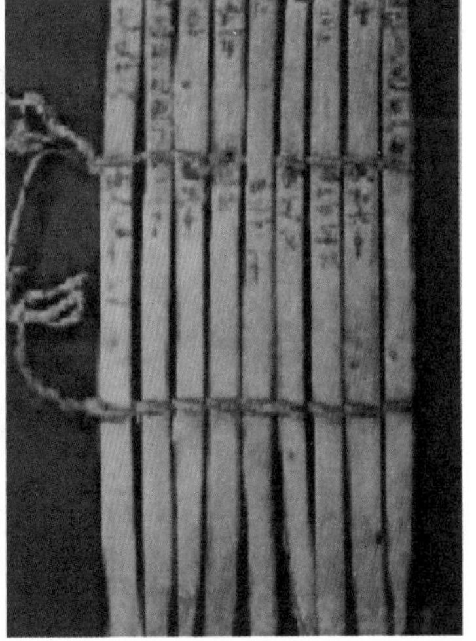

图 2-7

4. 卷轴

卷轴出现之前，书籍的材料都是以天然物质为主，如以竹或木为主要材料。卷轴形式的出现，证明了人们开始用人造材料制作书籍。以丝织品“帛”来制作的书籍，是采用展开的卷子的形式；而后来发明的纸也是按照卷子的形式制成卷轴。欧阳修在《归田录》中说的“唐人藏书，皆作卷轴”，可以证明在唐代以前，纸本书的最初形式仍是沿袭“帛”书的卷轴装。卷轴的轴通常是一根细木棒，也有的采用珍贵的材料，如象牙、紫檀等，其展开是由左端卷入轴内，右端在卷外，前面装裱一段纸或丝绸，称为镖头，镖头再系上丝带，用来缚扎。卷轴形式的纸本书从东汉一直沿用到宋初，它的应用使文字与版式进一步规范化，行列有序。与简牍相比，卷轴装舒展自如，可以根据文字的多少随时裁取，更加方便，一纸写完可以加纸续写，也可把几张纸粘在一起，称为一卷。卷轴形式的书籍结构设计可更好地表现传统文化的内容，如《清明上河图》这幅传世名画就是利用卷轴的形式进行设计。

在当代书籍艺术设计中，卷轴形式有时仍被设计师使用，如《吾食》这本书就创意地使用了两种结构来完成作品，一个是卷轴装，另一个是经折装。全书通过插画和字体创意的形式将我国著名菜系有效地展现，卷轴展开后各版面中的文本和插画信息节奏鲜明、层次清晰，给读者娓娓道来之感（见图 2-8）。设计师巧妙利用卷轴装的结构优势特征通过一幅流动的长卷进行展示，这种以形表意的思维正是现代书籍艺术创意的核心。

图 2-8

不过，卷轴装也存在许多弊端，如读者在阅读卷轴装书籍时，阅读过程过于复杂，查找信息不便，载体结构不符合人的阅读行为和习惯等。这就逼迫人们不断创造更加适合阅读需求的新的书籍结构，找到更流畅、更有利于阅读的书籍形式，后来的经折装书籍就是在这样的背景下出现的。

2.1.2 古代的书籍形态

书籍在人类社会发展的进程中一直发挥着极其重要的作用。古代书籍在促进语言和文字的发展、知识和信息的传播，以及各类学术思想的交流等方面具有重要的意义。书籍常常被认为是一种“特定文化媒介”的载体。

我国古代书籍的主要功能是为承载智慧而服务的，由于受当时生产力水平的制约，书籍主要围绕结构选择材料。印刷术发明之前书籍的制作都是靠人力手抄完成，书籍的设计被当时的制作工艺所束缚，因此那个时期的书籍装帧设计制作并不会追求图形表达和用什么印刷工艺制作。

随着纸和印刷术的发明，书籍的结构和形态被彻底改变，人们对书籍的概念又有了新的理解和认识，即把在纸质材料上经过编排、印刷、装订成册的存储文字信息的物质载体称为书籍。

1. 经折装书籍

经折装书籍的出现可以说是书籍的一次重大变革，它改变了原有卷起来的书籍而变成折叠的书籍形式。经折装书籍是人类社会科技进步的必然结果，随着人们阅读的需求量不断增多，经折装的书籍大大方便了人们的阅读行为，它将原有卷子形式的书籍版面间隔开，一反一正地折叠起来，在首尾两页上分别粘贴硬纸板或木板，起到保护书籍的作用。

《吾食》的主题是介绍我国传统美食文化，采用经折装书籍形式的结构，更易表达中国传统饮食文化的精髓(见图 2-9)。《吾食》的设计从各大菜系的经典名菜中挖掘创意构成版面要点，并且运用字体的视觉化优势来强化我国传统文化的内涵。

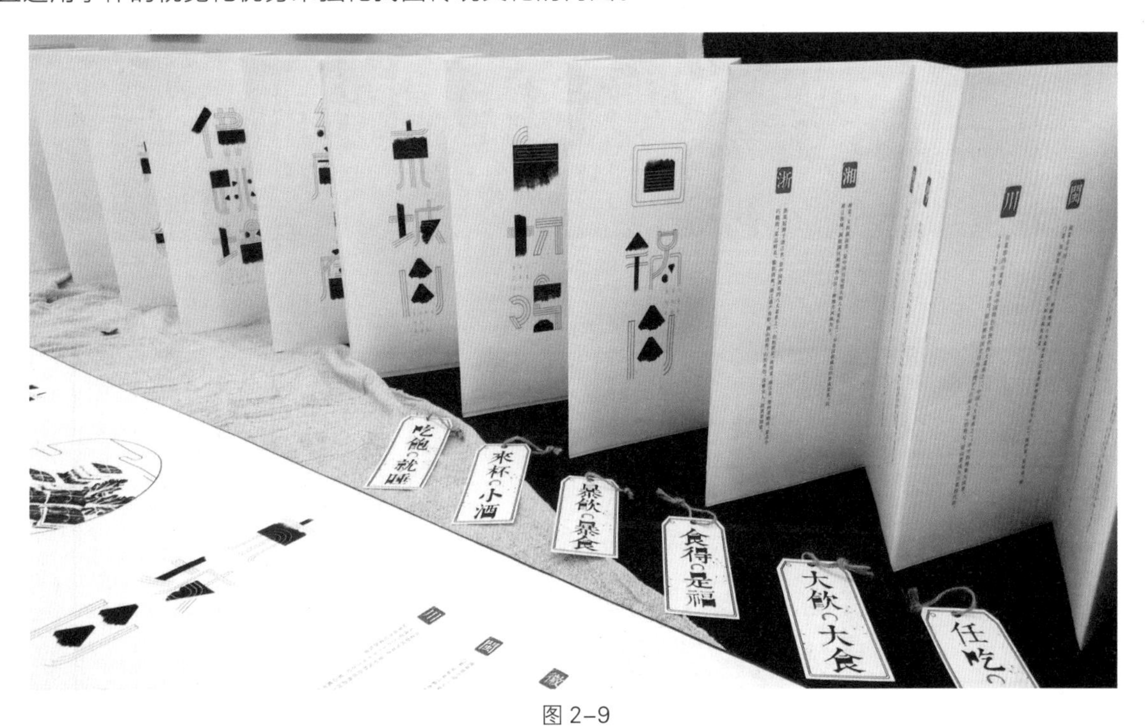

图 2-9

2. 旋风装书籍

旋风装是印刷术发明之后出现的书籍形态，是在卷轴装的基础上改进而成的一种形式。它是将印刷好的书页，按照内容的顺序，逐页相错，粘在事先准备好的卷子上，逐层错落粘连，当时人们将这种形式称为龙鳞装(见图 2-10)。阅读时和卷轴相似也是从右向左逐页翻阅，收卷时卷首向卷尾方向卷起。从外表看，其与卷轴装没什么区别，但展开后，页面的翻阅方式不同是两者根本的区别。

3. 蝴蝶装书籍

蝴蝶装的产生和发展是与雕版印刷技术的发展紧密联系的，它始于唐末五代(10 世纪)，盛行于宋代。蝴蝶装的结构是将印刷好的页面进行内折，版心内口装订，外口裁切，书口与书口之间展开就像蝴蝶的两翅，所以称为蝴蝶装，图 2-11 为蝴蝶装的实物书和印版结构。这种装法的好处是有文字的位置面向书背而不易损坏，对于通过版心的整幅插图，在翻阅上更加方便。

图 2-10

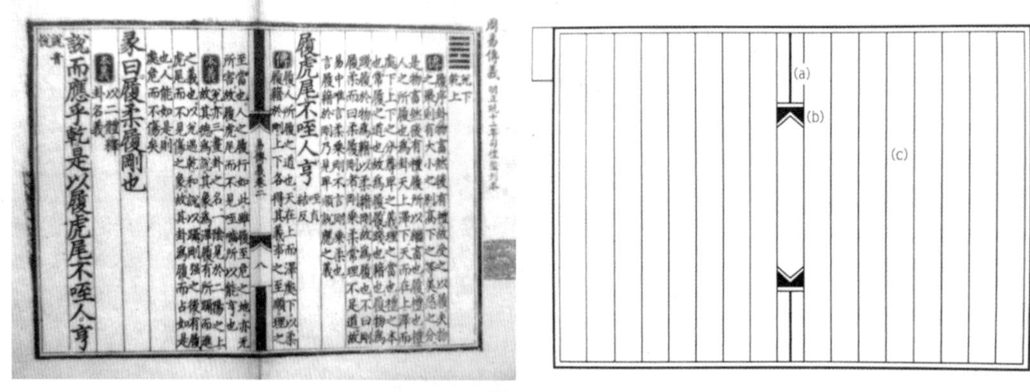

图 2-11

4. 梵夹装书籍

隋唐时期，佛学极为兴盛，大量的佛教书籍也一同引进我国，以狭长的单页梵文贝叶经形式呈现。贝叶经书籍是由印度引进，是用印度生长的一种贝树叶制作而成的，即在贝树叶上撰写佛经。这种形式的书籍传入我国经过本土化改进，材料由贝树叶转换成纸，称作“梵夹装”。“梵夹”即佛经的意思，它将纸一张张折叠起来，上下垫上衬板，正中间打孔穿绳，再以绳子捆扎而成（见图 2-12）。此外，梵夹装结构还对贝叶装的版面结构进行了改进，把由左至右的横向书写模式改变成适合中国传统阅读习惯的，由右向左、由上向下的传统书写模式。

5. 包背装书籍

包背装始于元代（13 世纪），盛行于明代（15 世纪）。包背装的印版和蝴蝶装一致，但折法正好相反，包背装解决了蝴蝶装的两大不足之处，一是在阅读时必须连续翻两页才能看到文字，二是因书脊背粘胶牢固度不够，很容易出现书页脱落现象。

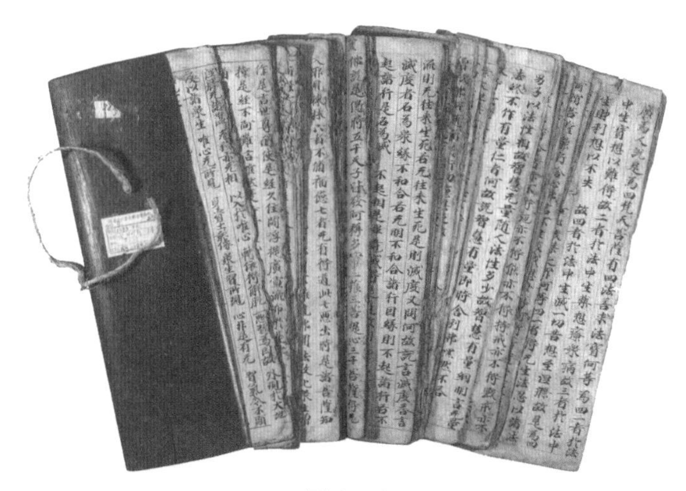

图 2–12

包背装将印刷好的印版页对折，版心向外，而印版页的外边口向内进行装订，将折好的印版页排放整齐，对靠近书脊处位置的印版页进行打孔，再用棉性的纸捻订好，最后用一整张纸作为书籍的封面、封底和书脊，一起包好黏合完成，因此而得名包背装。图 2–13 是用包背装技法完成的《本草纲目》书籍的装帧设计制作。

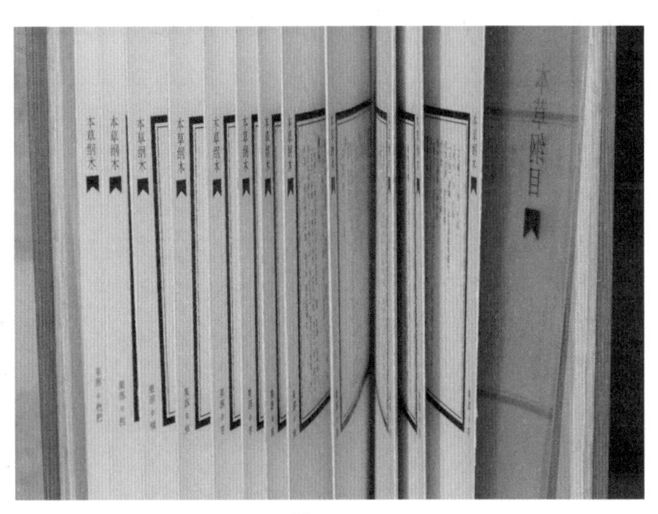

图 2–13

包背装的书籍更接近线装书的结构和形式，在印刷制版上采用雕版印刷方式，在装订上更加接近现代书籍的制作手段，为书籍演进为更加成熟的线装书起到承上启下的作用。

6. 线装书籍

线装书是中国传统书籍发展到册页形式后形成的装订方式，它综合了传统书籍的文化智慧，是中国传统书籍在成熟阶段的主要形式。

线装书的结构依次为：书衣、护页、书名页、序、凡例、目录、正文、附录、跋或后记。它从封面到正文、行、栏、界及插图，构成一个完整的设计，与现在的书籍次序大致相同。

线装书籍的装订方法与包背装大致相同，折页也是版心向外的，前后各加书衣，而后穿线装订成册（见图 2-14）。它克服了包背装由于纸捻容易受到翻书拉力的影响而断开的缺点，以结实的丝质或棉质的线装订。线装书一般是用四眼装订法，也有用六眼装订和八眼装订的线装书籍，由于线装书比较柔软，不能直立，只能平放在书架上，为防止纸质材料破损，多用木板或纸板制成书套或书函，目的是加强保护能力。

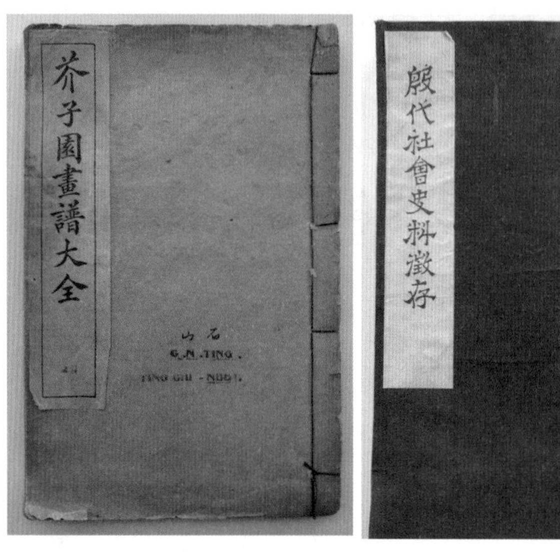

图 2-14

2.1.3 近现代的书籍形态

随着近代西方学术思想向中国传播，以西方思想、文化、技术等内容为主题的书籍逐渐增多。此时的书籍结构形态在整体上仍然使用线装书的形式，插图也依然采用我国传统的白描技法，但是在结构、字体、内容编排等方面均有了显著的变化（见图 2-15）。

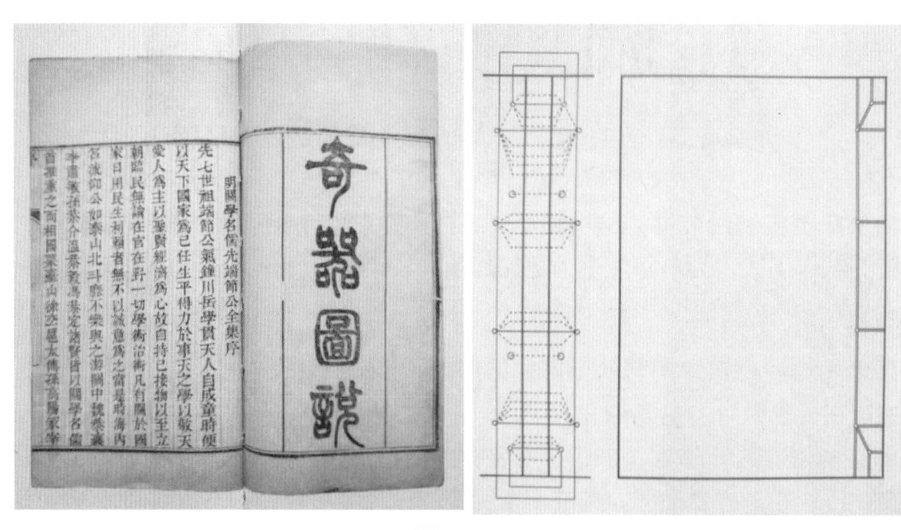

图 2-15

现代书籍主要有两种装订形式，一是“平装”，另一种是“精装”。平装书籍与精装书籍的印刷方式基本一致，只是精装书籍在书的外部结构装订和封面材料的选择上更加精致。

1. 平装书籍

平装书籍也叫简装书籍，它是现代印刷技术发展的必然结果，意味着现代工业印刷技术的成熟，“平装”是我国传统书籍形态向现代书籍转换的标志。平装书籍印刷装订及书籍材料的选择较为经济实用，销售对象主要是普通大众。

平装书籍的装订形态分为骑马订 (见图 2-16) 和锁线装订 (见图 2-17)，不加任何复杂的设计工艺，经济实惠、印刷方便快捷，为书籍更广泛地传播和普及起到重要的作用。

图 2-16

图 2-17

2. 精装书籍

从书籍外在的形态来看，带有函套印刷、装订的书籍都可以称为是精装书籍，如蝴蝶装、包背装，以及现在仍然使用的线装书籍。随着近代印刷技术的出现，使精装书在书籍印刷装订过程中得到更广泛的应用，书籍的形式更加多样、硬封面材料更加丰富、印刷更加精细、印刷后的工艺更加复杂、装订更加科学。精装书籍的封面采用坚固而厚重的材料，不仅起到了保护书籍内文的作用，还使书籍更加经久耐用（见图 2-18）。

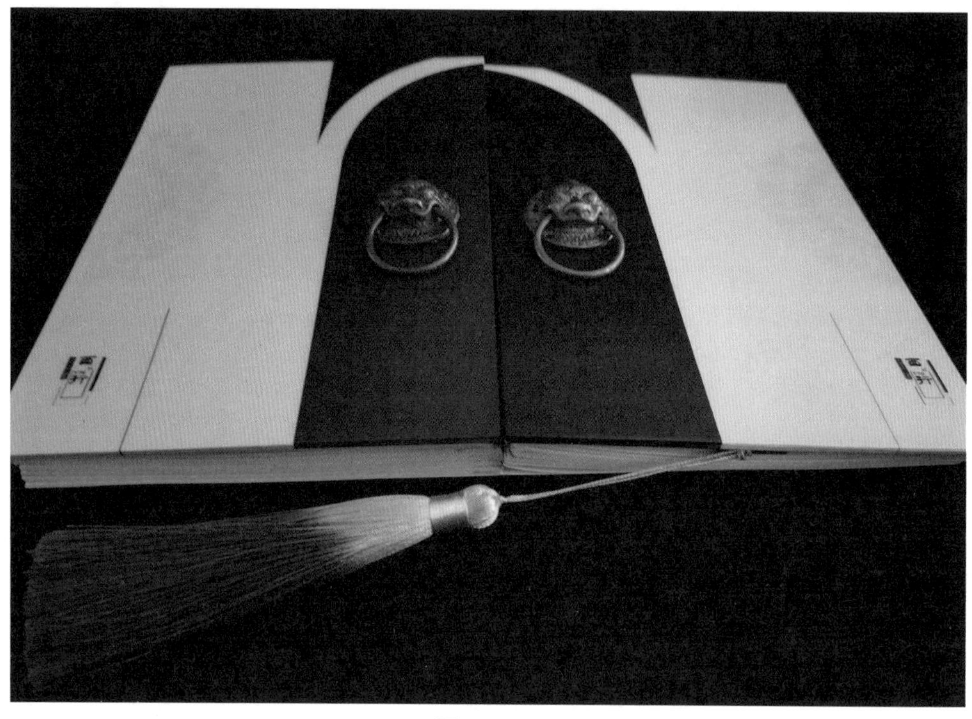

图 2-18

精装书的内文页的印刷手段、排版方式与平装书籍没有本质的差异，通常也采用锁线装订的形式，只是精装书的书脊还要多一道工序，就是粘贴布条以使书脊更加坚固。坚固的硬板封面和封底分别与书籍首尾相粘贴，书脊采用和封面一样的材质，封面与书脊之间有压槽以方便翻阅，装帧上再在硬封外套印制作精美的护封，再把装帧好的书籍放进设计好的函套里。

2.1.4 当代的书籍装帧设计

改革开放以来，我国的设计师们开始重新认知什么是书籍创意设计，在此期间，西方的艺术设计理念和艺术设计手段不断涌入，为我国的书籍装帧设计开阔崭新的视野。

由于计算机技术的发展、普及和完善，使编排技术和制版技术得到前所未有的飞跃，计算机逐渐取代传统的手工排版方式。书籍设计表现在风格更加强调计算机软件滤镜技术及照相制版的优势，无论是对图片的修复、退底与换色等，还是在文字的编排上都表露出计算机软件的优势和痕迹。图 2-19 为字体的编排呈现文本绕图或文本塑造图形的形式。

图 2–19

如今，我国的书籍形态丰富多彩，书籍装帧设计越来越个性化 (见图 2–20 ～图 2–22)。不过，一切设计都是以图书主题为重点，以读者需求为主旨，以市场需要为核心。

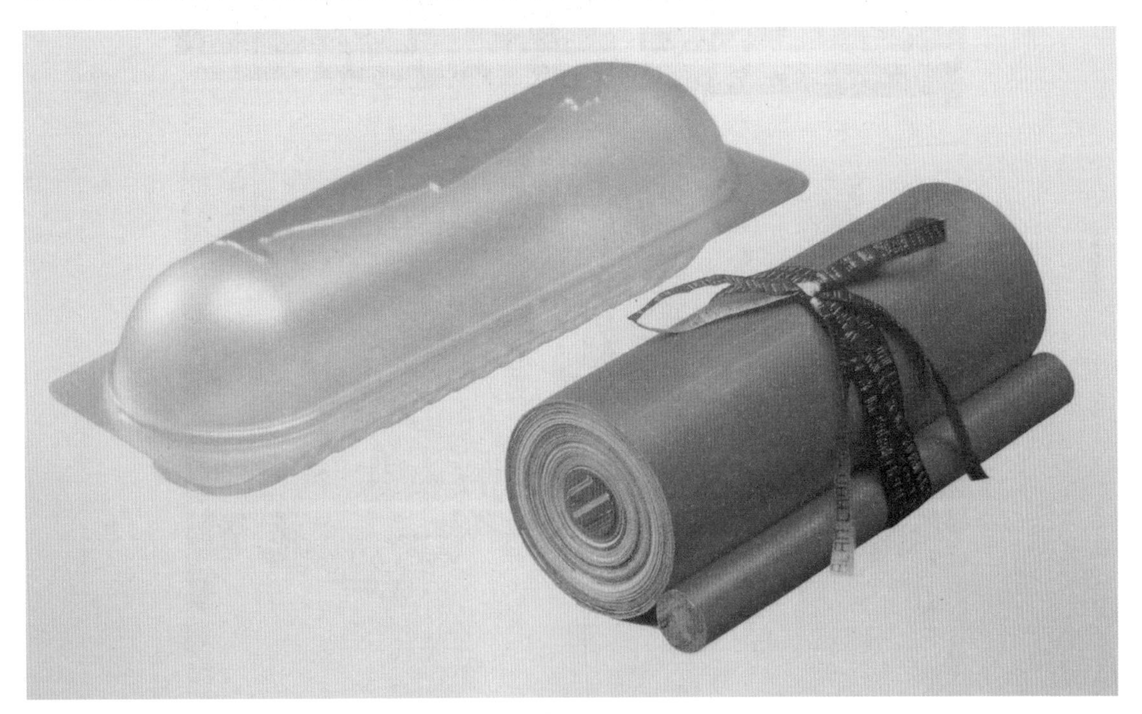

图 2–20

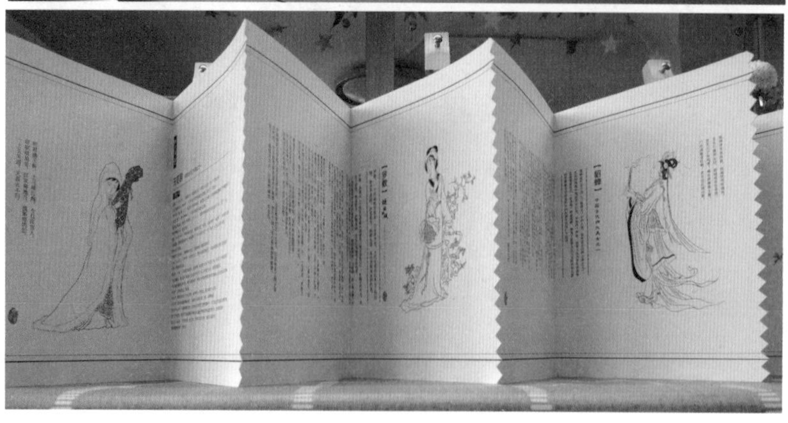

图 2–21

THE
HITCHHIKER'S
GUIDE TO THE GALAXY
漫游指南
Per Anhalter durch die Galaxis

图 2–22

2.2 西方书籍装帧设计的发展与变化

2.2.1 古代西方书籍的出现与发展

1. 原始书籍的形态

公元前 3000 年，两河流域的苏美尔人就创造了利用木片在湿泥板上刻画的楔形文字（见图 2-23）。到了公元前 3 世纪，古埃及人用生长在尼罗河流域的莎草的茎制成莎草纸，再把象形文字书写在莎草纸上制成卷轴形态，这种卷轴一般长六七米（见图 2-24）。因为莎草纸书是由纯天然的材料制作，所以容易受潮和虫蛀，不宜保存，考古学发现的莎草纸书都极为珍贵。

图 2-23

图 2-24

西方早期的书籍还有蜡板书，在古罗马时期常用它来记录重要事务。蜡板书的制作方法是在木板中间开凿出一块长方形的宽槽，在槽中填充黄黑色的蜡做成蜡板，再用尖笔在蜡板上书写。蜡板写完后再在木板的一侧，上下各开一个小孔，将线穿过小孔将多块木蜡板系在一起，就形成了书的形状（见图 2-25）。

图 2-25

由于早期制作的书籍在保存上有诸多不便，阅读时也不方便，于是人们开始研制更有利于阅读和制作的书籍形式。羊皮是人们发现的较为实用的材料，相比莎草纸它薄且结实，能够折叠并能进行两面的书写，还可以擦涂，由此以“页”为单位的羊皮书走进人们的生活（见图 2-26）。

图 2-26

公元 3—4 世纪，以羊皮纸为材料的册籍形式的书籍得以普及，它比卷轴形式更加便于翻阅、携带和查找，阅读也比卷轴更加方便。但是，册籍形式的出现并没有使卷轴完全消失，而是出现了两种书籍形态并存的局面，并且时间延续了两三个世纪之久。

2. 书籍的早期形式

古抄本书籍是欧洲书籍的早期形式，其所用材料主要是羊皮纸 (见图 2-27)。西方早期的手抄羊皮书，古抄本书籍已经有了版心的概念，开型较大的书籍还包括双栏或多栏。人们还对古抄本书籍的形式进行改革和创新，发明了卡罗琳小写体和后来的哥特体等书写字体，书籍既有文本的精心记载，又有大量精美的插图、花饰手写字母和精美文本框饰等，绘画风格精细而华丽。这些手段都是为了装饰书籍、划分版面结构和传达信息。对于羊皮书的折法决定了书籍的开本，从大开本直到小开本应有尽有。同时，为了便于人们阅读，书中的内容还逐渐加入了标点符号和页码等元素，从而形成了丰富多彩的书籍艺术形式。

图 2-27

3. 印刷术对书籍装帧设计的影响

德国印刷商人约翰 • 古腾堡是欧洲活版印刷术的发明者，也是现代印刷技术的创始人。古腾堡的近代铅活字印刷术虽然比我国北宋毕昇发明的活字印刷晚了约 400 年，但他却成功地发明了由铅、锑、锡三种金属按科学合理比例熔合铸成的铅活字，并将其应用于机械印刷。古腾堡发明的印刷机器，在文艺复兴和工业革命的推动下，开创了以机器替代手工为基本特征的世界印刷史上的新纪元 (见图 2-28)。

图 2–28

2.2.2　近现代西方书籍装帧设计的发展

1. 书籍装帧设计发展历程

16 世纪到 18 世纪，是书籍装帧设计艺术不断发展变革的时代，书籍的现代特征更加明显。受当时文化艺术思想的影响，巴洛克艺术风格、古典主义风格，以及洛可可的华美风格，在书籍艺术设计作品中均有体现。书籍形态从大开本逐渐变化成更加亲民的小开本，由于开型的缩小，使版式编排越来越受到设计师的关注，内文页面中的文本、插图成为设计的重点，页面中的标题更加主次分明。版面的创新还体现在章节页及空白页的节奏感，版面文字第一个字母由大写字母或由一段文字小节来引导，每个小节或空白之前标明章节序号，页面的注解文字被安排在地脚位置，使版面文本结构更加合理。

西方早期会将装饰画应用于书籍装帧设计中，16 世纪书籍的封面设计开始使用图形和插图，特别是法国和意大利的书籍封面都使用木板装饰画和标题的组合搭配。内页插图也越来越多，插图的风格也更加丰富。18 世纪末，德国人雅各布・克里斯多夫・勒博隆创造了三原色法原理，来印刷彩色书籍插图 (见图 2–29)。

16 世纪，法国的书籍封面已经出现了作者的署名、短标题、印刷地址和出版时间等信息。到 18 世纪，书籍装帧设计形式变得更加多样且丰富多彩，人们可以花钱请设计师按自己的意愿设计书籍，也可以将自己的纹章作为装饰元素应用于或印在封面上，这可能是最早的私人定制作品 (见图 2–30)。

19 世纪中期，受到工业革命的影响，书籍的生产由几百年的手工模式转变为机械化印刷模式。机械化印刷机、石版印机和其他装订机的相继发明，为书籍出版走向现代化奠定了坚实的基础。这一时期的书籍艺术家，还有画家、建筑师、作家和诗人，对书籍形态开展了一系列的改革，他们从印刷字体入手，而后又对书籍的版面进行规划，后扩展到书籍的插图和封面设计等领域。

图 2–29

SANCTI AMBROSII DE VIRGINIBVS PRIMVS LIBER INCIPIT

IUXTA CELESTIS SENTENTIAM VERITATIS

HERODOTI LIBER PRIMVS QVI INSCRIBITVR THALIA DIVO AENEAE SENENSI PIO II PONTIFICI MAXIMO OPTIMOQVE PER LAVRENTIVM VALLAM ROMANVM ORATOREM E GRECO IN LATINVM VERSVS INCIPIT FELICITER

ERODOTI

图 2–30

19 世纪七八十年代，英国著名手工艺艺术家、设计师威廉 • 莫里斯，创造性地提出了“书籍之美”的设计理念，推动了革新主义的理论，主张艺术设计创作应从自然中吸取营养，崇尚纯朴、浪漫的艺术风格。他提倡书籍艺术创作与手工艺相结合，强调艺术与生活相融合的设计理念。莫里斯认为书籍艺术应具有美观的字体、精致的版式、优质的纸张和完美的印刷及装订。他的理念影响了世界各国的设计师，提高了书籍装帧设计的艺术质量，一直到今天仍然对书籍艺术设计有一定影响。他指出“书籍不仅是阅读的工具，也是艺术设计的一种门类。”莫里斯的书籍艺术设计思想影响深远，促进了欧洲兴起书籍艺术运动，使欧洲的书籍装帧设计艺术迈出了新的一步，对 20 世纪书籍装帧设计艺术的创新起到引领作用。

2. 现代西方书籍装帧设计理论

资本主义工业革命的成果，使书籍批量生产成为可能，大量的书籍满足了日益增加的社会需求。进入 20 世纪后，书籍已经成为社会信息传达的重要媒介，设计师面对读者的需求，努力探索书籍语言的各种表达形式，使书籍艺术形成各种流派。

表现主义书籍艺术：设计上注重创意的内在情感反映，强调书籍艺术语言的表现力。版面的视觉元素具有较强的节奏、对比，版面疏密深浅更加强化，具有较强的艺术性。

未来派书籍艺术：将视觉艺术语言的冲击力运用到极致，书籍装帧设计语言具有空间感、运动感和整体感特征，否定传统的书籍文本排版规范，强化编排设计的不规则及自由随意的编排与布局。文字自由缩放、使版面具有动感的变化，将设计语言与视觉语言的变化运用到极致，从而形成对传统型阅读方式和编排设计的颠覆和挑战。

构成主义书籍艺术：版面以简洁明快的几何图形结构为基础，色彩单纯，不用装饰的文字。构成主义理论的书籍创意进一步地将实验性设计引向深化，是影响现代书籍装帧设计的重要理论。

新客观主义书籍艺术：强调版面设计的阅读功能，书籍版面设计作品都要有合理和独到之处，追求版面设计内在关系、强化版面与读者之间的联系和沟通。新客观主义的基本原则是彻底脱离传统的版面设计形式，追求绝对的不对称，运用块面和粗线条烘托和突出主题。这种设计形式影响了当时的招贴广告、时尚杂志和各种书籍的设计，直到今天其影响力依然存在，并在设计中起着巨大的推动作用。

达达主义书籍艺术：艺术流派主张通过艺术和设计表达个人情绪的宣泄，书籍装帧设计表现得更为荒诞、杂乱和没有章法的混乱效果。版式设计的处理多采用拼贴、照片蒙太奇等方法进行创作，将文字、插图作为编排的元素，进行任意的组合和嫁接，突破和颠覆了传统的版面设计原则，强调一种偶然性的效果，书籍装帧设计作品体现出无规则和自由化的状态。

超现实主义书籍艺术：版面设计中的内文与绘画高度融合，以互补的形式来设计书籍。书籍装帧设计者可能是诗人、画家或各门类艺术家，他们更加关注周围元素，相互交流，共同谋划书籍形态的风格，这正是超现实主义艺术风格产生的原因。

书籍艺术形式可谓形态各异、争奇斗艳，书籍装帧设计家在设计的自我表现中大显身手，创作了大量优秀的书籍作品。他们打破传统的枷锁，认为书籍可以自由地造型和解体变化，将书籍的物质性要素作为书籍装帧设计的重要组成部分，将书籍装帧设计形式与书籍制作技术进行结合，作品形式多样、极具表现力。

第 3 章　书籍装帧设计的流程

本章概述：

本章结合实战案例，介绍书籍装帧设计的整体构思和规划程序的要点，讲解书籍装帧设计版面的构成路径。

教学目标：

通过书籍装帧设计的宏观视角和微观细节，了解书籍的重要价值。

本章要点：

理解书籍装帧设计过程中的整体规划，以及编排设计技法的科学性。

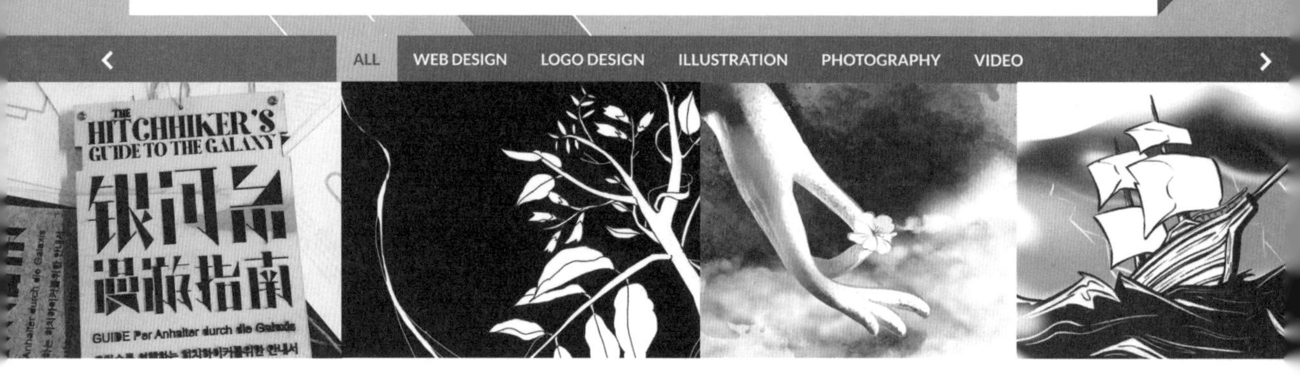

3.1 书籍装帧设计整体规划

3.1.1 书籍装帧设计流程规划

书籍装帧设计的制作流程是设计师根据市场需求，针对书籍主题特征所进行的创意规划，它涉及书籍创意的每个环节。书籍装帧设计有别于其他艺术设计，它不仅要注意信息的视觉化表达和创意，也要考虑印刷材料和装订成本，还要注意设计各环节出现的各种问题，是设计师综合能力的体现。

为了设计出好的作品，书籍装帧设计师需要按照工作流程来寻找有效的设计方案。完整的书籍装帧设计流程需要结合以下几个关节点：

第一，策划过程的市场化研究。市场化意识是把控书籍作品的风格和预算的关键，以此来确定设计工作的进程和细节。

第二，设计前的调研和分析。调研和分析要以客户的需求为原则，与内文主题信息相关的资料也是收集分析的重点，其目的是更准确地提炼视觉形象。

第三，书籍创意规划。围绕书籍作品主题和读者的需求点挖掘创意点，分析文案概念内涵，为书籍整体设计方案绘制、整理、修改草图，为书籍装帧设计制作的各种细节做好规划。

第四，书籍内页的编排构思。设计师先将创意小稿制成草图，按照草稿排版、构图形成初稿，然后向客户提交初稿，双方对初稿进行评价审核并修改。

图 3-1 为《航海日志》书籍的整体规划方案草图，从书籍的开头到结束，设计师对每一个页面的文字和插图的关系都做了精心规划。这种规划不只是考虑一张图、一页字的问题，而是从整体的思维视角来整合视觉元素，通过流动的视觉线，将完整的书籍规划一点点展现在客户的眼前。

图 3-1

第五，书籍装帧设计制作与交付。按照书籍的主题内容与客户的要求进行艺术的视觉化处理，并有效提取图形语言。在版面编排和材料的选择上，设计师都应以满足市场和读者的需求为前提、严格监控印刷装订的质量，为制作高质量的书籍做好准备。

3.1.2 书籍装帧设计的布局

书籍装帧设计是设计师根据主题思想对信息元素进行有目的、全方位的版面布局。在编排设计过程中，设计师通过草图规划书籍结构，有意识地将文字、插图等信息有效地组织在一起，给页面中的每个插图或符号等细节进行标注。

草图虽然不用精细刻画，但从整体上需要能把控好书籍的风格和基调。如果图形需要原创，设计师可以根据主题内容进行绘画风格规划，如若运用简单的照相拍摄手法进行插图设计也需在草图阶段进行标注。

书籍装帧设计在步入计算机时代之前，在进行版面制作方面，有相当长的一段历史时期采用规范好的模板式构图设计形式，如双栏、单栏的结构，它们的宽度以一种常态形式出现。而如今计算机的普及为书籍整体性版面规划带来更多的可能，通过图形图像处理软件来设计和修改版面，使书籍的整体艺术形象更加精彩。

在版式编排的过程中，设计师需按照版面构成原则进行整体布局。书籍整体编排涉及的内容非常具体，每一项都会影响书籍整体的面貌风格，包括开本、版心、边距、字体、字号、栏宽、行距、栏距等。

根据前面介绍的《航海日志》的规划方案，设计师深入细致地对书籍版面的细节进行刻画，如图 3-2 ～图 3-4 所示。

图 3-2

图 3–3

图 3–4

3.2 书籍的开本设计

书籍的开本设计也称为书籍体态空间设计，书籍的长、宽、厚等体态造型都受限于书籍的开本尺寸。

开本是书籍的页面边界，书籍装帧设计的所有操作都在这个页面空间中进行。不同的开本设计决定书籍的造型体态，而不同的造型体态空间则给读者传达了不同的心理暗示，因此书籍的开本不可随意设置，其宽度、高度、厚度与书籍自身的个性特征是密不可分的。例如，大型精装画册，为了表现绘画的用笔和细节，书籍开本的设置尽量选用 8 开的大开本，这样更容易将画家作品的“精气神”表达清楚，既保证印刷质量，也能更直观地展现绘画作品的全貌。再如，诗集为了表现诗歌的抒情性，则多用细长的 32 开小开本进行设计，这样的开本更加美观精致，方便读者随时翻阅。

3.2.1 书籍开本的裁切

设计师把版面的纸张大小称为开本，开本以国际标准全开整张纸为计算单位。全开纸裁切和折叠多少张就称多少开本，而把一张全开纸裁切成数量不同的页数又称为开本或开数。在我国，对开本是以几何级数来命名的，这是因为开本是按照几何级数来对整张纸进行切割，得到长宽比例不等的平面而形成的，如图 3-5 和图 3-6 所示。

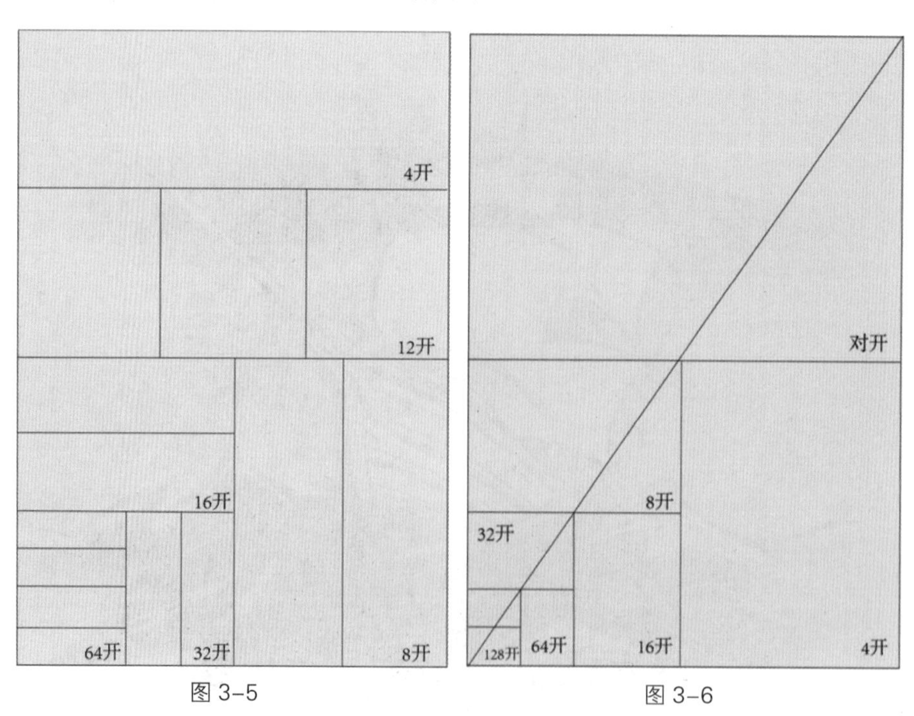

图 3-5　　图 3-6

开本是由纸张裁切而形成的比例大小相等的页面，它不是把一张纸裁切成任意大小的页面，而是有特定的规范方法。裁切后的开型图样式，如图 3-7 和图 3-8 所示。

图 3-7

图 3-8

3.2.2　书籍开本的规格

书籍的开本主要包括 8 开、12 开、16 开、20 开、32 开等，设计师根据书籍创意的需要，对其进行有目的的剪裁，以更好地表达书籍的结构，使读者能够更深刻地理解主题内容，如图 3-9 所示。

根据纸张规格设置的开本包含下面几种格式。

正度纸张：787 mm × 1092mm。

大度纸张：850 mm × 1168mm、889 mm × 1194 mm。

32 开：大度为 140 mm × 210 mm、正度为 130 mm × 185 mm。

24 开：大度为 185 mm × 210 mm、正度为 170 mm × 185 mm。

20 开：大度为 195 mm × 210 mm、正度为 185 mm × 185 mm。

16 开：大度为 210 mm × 285 mm、正度为 185 mm × 260 mm。

12 开：大度为 250 mm × 260 mm、正度为 215 mm × 340 mm。

8 开：大度为 285 mm × 420 mm、正度为 260 mm × 370 mm。

4 开：大度为 420 mm × 570 mm、正度为 370 mm × 540 mm。

对开：大度为 570 mm × 840 mm、正度为 540 mm × 740 mm。

图 3-9

如图 3-10 所示，《谁肢解了我的幸福》书籍的开本是 20 开，这种开本结构大小适中，文字和图形都能较完整地展示。这本书中的图片和文本比例相等，由于 20 开的宽度和长度比例一致，所以很适合图片内容和文字内容差不多的书籍。

图 3-10

如图 3-11 所示，《侏罗纪漫游指南》书籍的主要内容为图解恐龙时期各种恐龙的生存状态和生物学特征。以图为主的展示是本书的基本需求，因此本书的开本定为 16 开，这种开本更容易展现恐龙的身体形态。

图 3-11

图 3-12 所示，是用 32 开的开本设计的茶文化书籍作品，其造型文雅精致，与茶的内涵协调一致。

图 3-12

3.3 书籍的版面设计

3.3.1 版面设计的网格构件

书籍的版面设计是设计师借用网格规划来进行版式的规范排列，目的是使版面的编排更加科学合理、生动灵活，读者阅读更为流畅。书籍的版面设计构成元素包含文字、空白、图片、图表，以及书籍版面的页码、章节文字等。

网格结构的编排样式极为丰富自由，它主要以书籍内容的多少和开本的大小为依据进行有目的的变化。网格理论结构的关键在于确保所有编排都合乎规范，因此不是以一页的需要为原则，而是以书籍内容的整体需求而进行的针对性很强的操作，总之内容决定网格设计构件的组成结构。

书籍版面设计的网格构成形态取决于每一个特定的内容和创意，一般来讲书籍版面的网格构件包含版面的空白空间及信息元素，如版面版心的大小、面积和位置，天头与地脚的形式，栏的规格及字距、行距、栏距、字号等，还包括图表的形式等。模块化网格编排，如图 3-13 所示。

图 3-13

1. 版面的栏目

栏目是指在版面中能容纳文本和图表等信息的框架结构，版面中版心是构成栏目宽度和数量多少的疆界，和书籍的开本大小及文本字号大小、信息量的多少相关，开本越大，栏目数量自然会随开本的增大而增加，这是栏目设置的基本规律。

图 3-14 ～图 3-17 为《神农本草经》的版面栏目规划设计，内页版面有横向和纵向两种结构，每种结构都有与之呼应的文本规划。

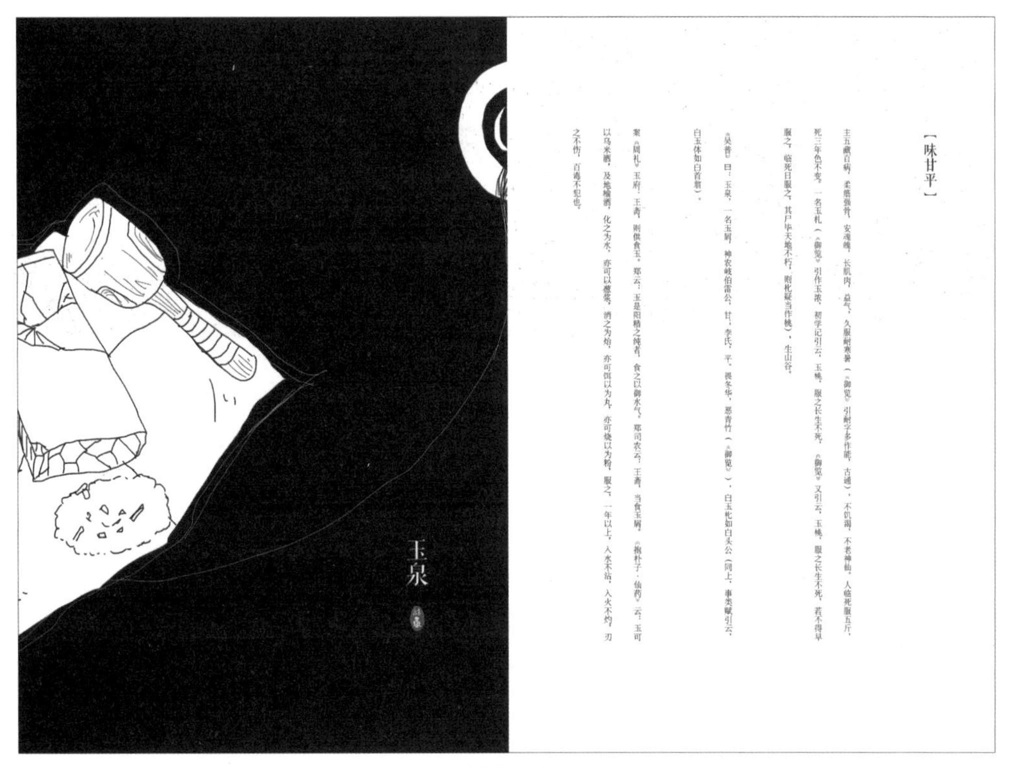

图 3-14

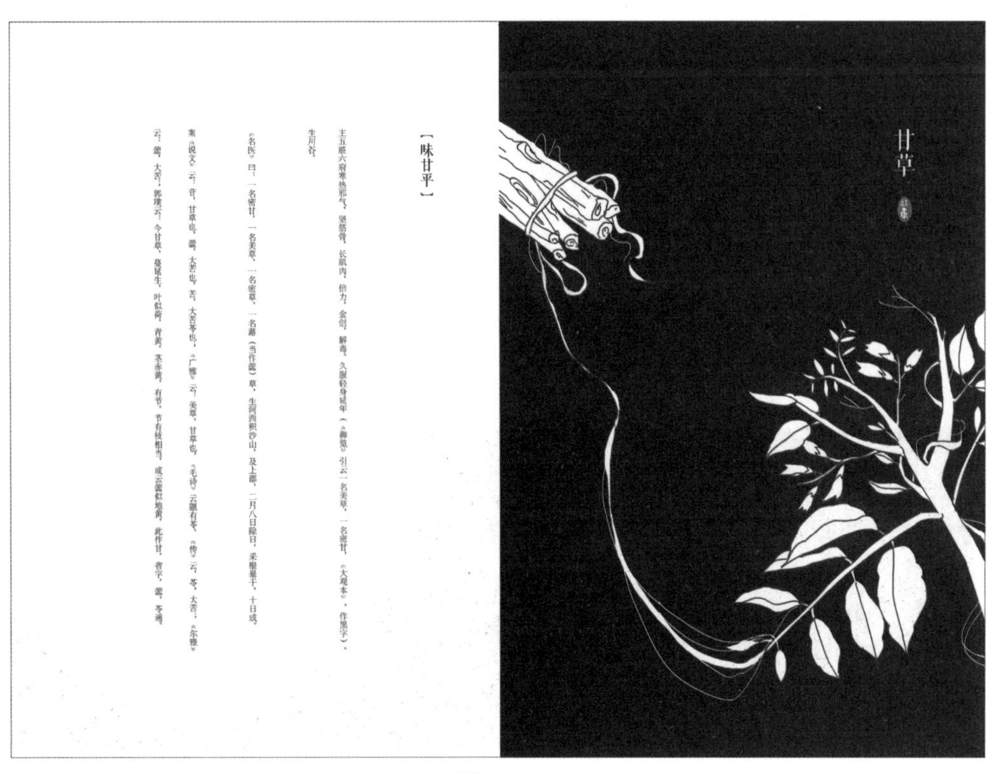

图 3-15

牛膝
【味苦酸】
主寒（《御览》作伤寒），湿痿痹，四肢拘挛，
膝痛不可屈伸，逐血气，伤，热，火烂，堕胎。
久服轻身耐老（《御览》作能老）。
一名百倍，生川谷。《吴普》曰：牛膝，神农甘，
一经酸，黄帝扁鹊甘，李氏温，雷公酸无毒，
生河内，或临邛，叶如夏蓝，茎，本赤，二月
八月采（《御览》）。
《名医》曰：生河内及临朐，二月八月十月，
采根，阴干。
案《广雅》云：牛茎牛膝也，陶宏景云：其茎
有节似膝，故以为名也，膝当为厀。

图 3–16

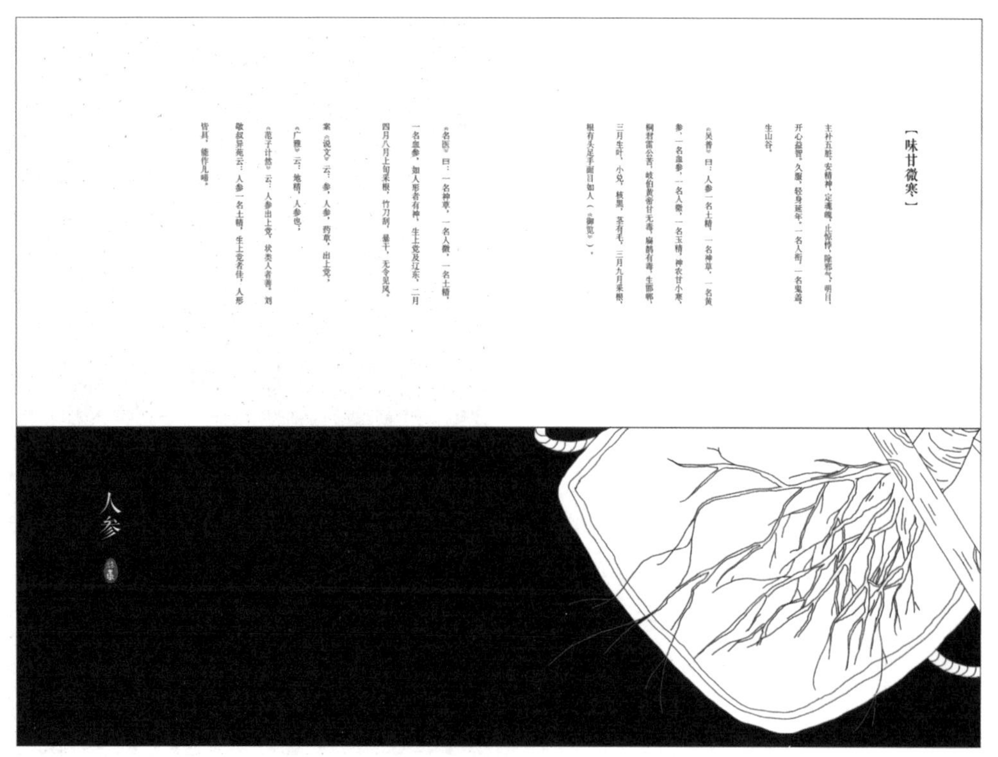
【味甘微寒】
主补五脏，安精神，定魂魄，止惊悸，除邪气，明目，
开心益智，久服，轻身延年。一名人衔，一名鬼盖。
生山谷。
《吴普》曰：人参一名土精，一名神草，一名黄
参，一名血参，一名人微，一名玉精，神农甘小寒，
桐君雷公苦，岐伯黄帝甘无毒，扁鹊有毒，生邯郸，
三月生叶，小兑，核黑，茎有毛，三月九月采根，
根有头足手面目如人（《御览》）。
《名医》曰：一名神草，一名人微，一名土精，
一名血参，如人形者有神，生上党及辽东，二月
四月八月上旬采根，竹刀刮，暴干，无令见风。
案《说文》云：参，人参，药草，出上党。
《广雅》云：地精，人参也。
《范子计然》云：人参出上党，状类人者善，刘
敬叔异苑云：人参一名土精，生上党者佳，人形
皆具，能作儿啼。
人参

图 3–17

2. 版面的模块

在内页版面中，模块是指构成连续的框架空间中分离出来的单个部分，它是构成版面最基本的要素，赋予版面连续的、有序的网格。版面连接的模块根据需要可大可小，模块的大小变化由内容的不同或层级不同而定。

模块是以坐标为基准，围绕基准线布局信息元素，它如网络一样将所有版面视觉元素相连并整合，使版面达到多而不乱，少而不空的境界，如图 3-18 所示。

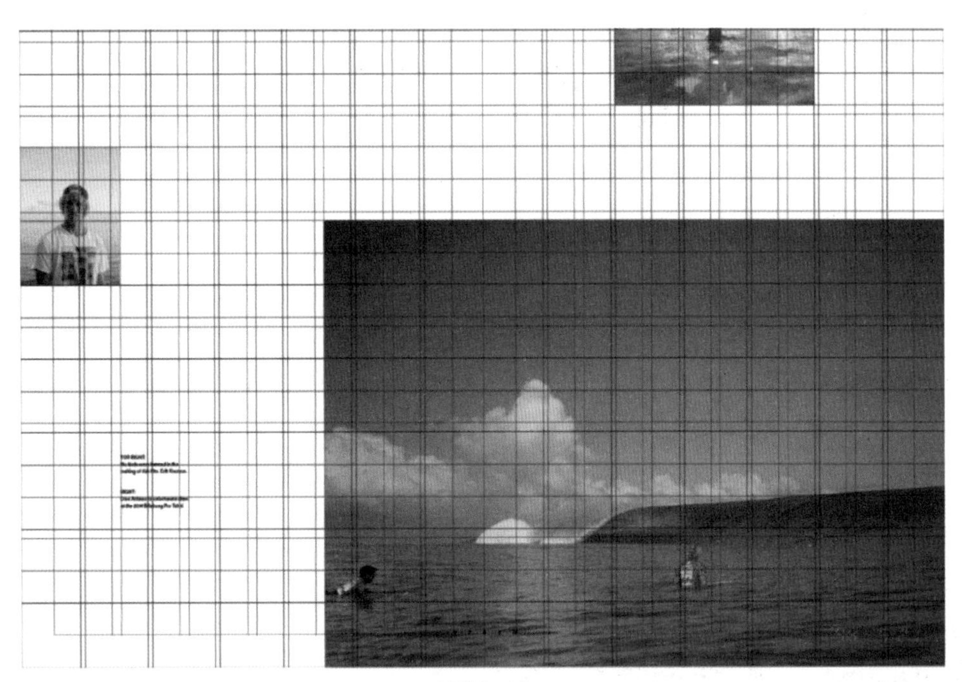

图 3-18

3. 版面的空白

版面设计中空白的重要性是其他版面构件无法比拟的，空白好比是舞台背景，缺少了空白的版面，无论是文字还是图形都无法做到充分与读者沟通。空白是衬托主角形象的道具，也是视觉过程的缓冲区，如图 3-19 和图 3-20 所示。

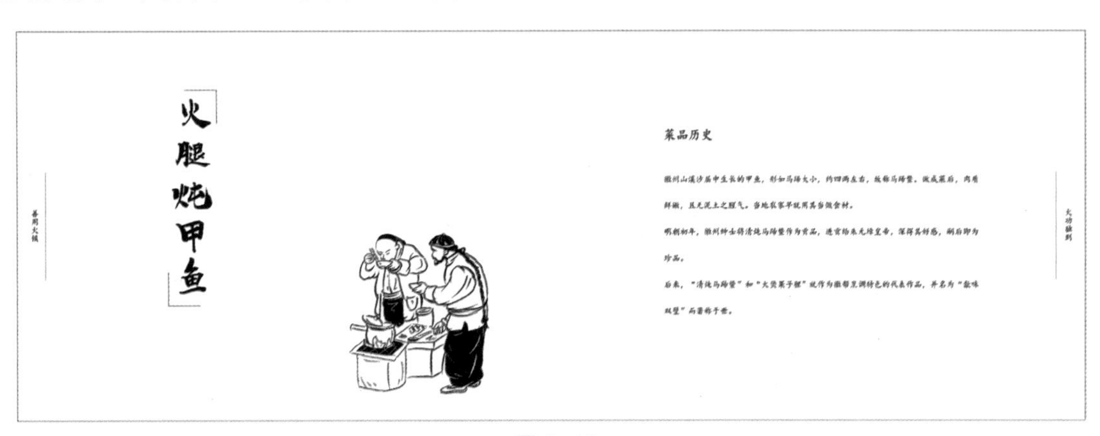

图 3-19

图 3-20

4. 版面的空间区

空间区是指可以放置标题文字、图题，或其他特定信息的区域模块或栏目。一般来讲，空间区是有意识地构造有别于主题文字信息的区域。

如图 3-21 和图 3-22 所示，版面的左边页面制作了一个放置插图的空间区，从版面文本与插图的关联性进行分析，这种版面结构让读者能更加流畅地解读信息。

图 3-21

图 3-22

5. 版面的视觉流线

视觉流线是指版面构成的各种元素之间的相互关系，可以将版面空间分为横流线或纵流线，即文本行排列方式和对齐方式，或文本与插图元素的对齐方式。视觉流线不是一条实线，而是利用空间结构将版面中的零散元素有机地组织在一起，这种利用横向或纵向的流程结构所链接的文本及图像称为视觉流线。版面文本编排的视觉流线可形成动静节奏，能够增强页面的可读性，如图 3-23 所示。

图 3-23

6. 版面的信息标记

书籍版面内在结构的信息标记，包括页码、页首、书眉标题和页脚等形式。信息标记的意义是帮助读者更方便地查找信息，如页码或章节标题。版面信息符号在同一个版面由于功能需要会各具特色，信息标记以自身功能展现在读者的面前。

图 3-24 ～图 3-26 为书籍《白蛇传说》的版面信息标记，该书采用暗页码的手法标注，这个符号是唯一性的，只是针对这本书设计的。

图 3-24

图 3-25

图 3-26

3.3.2 版面网格结构模式

书籍编排理论的核心是网格结构，网格结构可以使整体版面看起来更加协调，每一段文本和每一幅图像在版面内都有自己的轨迹，使版面内的信息看起来更加清晰有序，也更方便读者阅读。

书籍版面的网格结构包括单栏网格模式、双栏网格模式、多栏网格模式，以及层级网格模式等。

1. 单栏网格模式

单栏网格模式，是指版面中的文本排列是以单栏的结构出现。单栏网格一般用于 32 开本以内、版面宽度在 14cm 以内的书籍，版面版心的宽度满足读者视觉的范围，编排以文本排列为主，如图 3-27 和图 3-28 所示。单列网格的编排虽然没有多列网格那样变化丰富，但以单列网格编排的画面更加稳重、大气，书卷气息较强，适用于严谨、有思想深度的书籍版面。

图 3-27

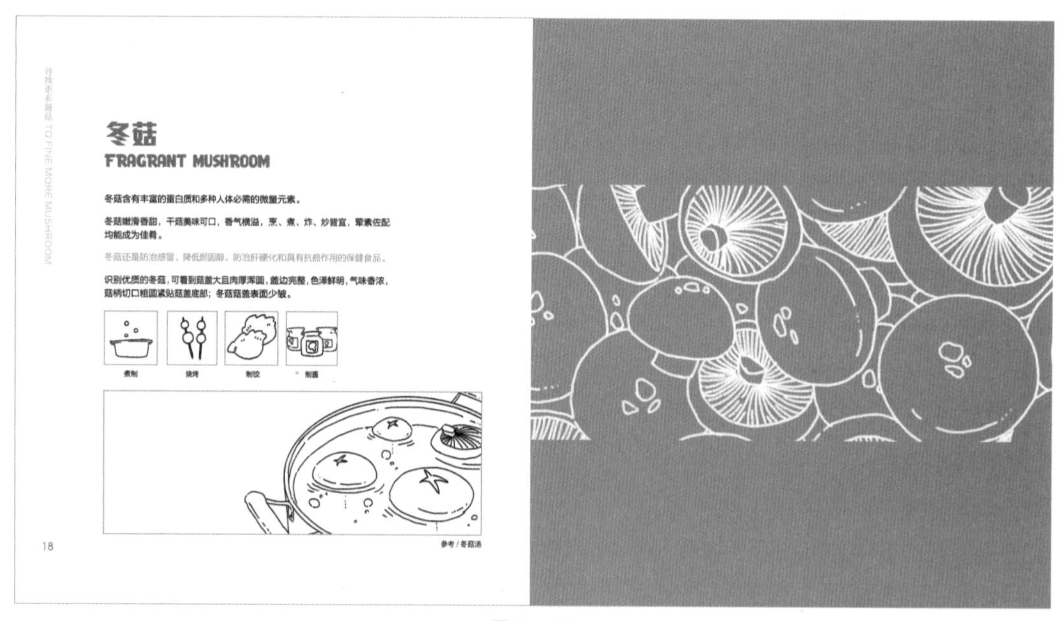

图 3-28

2. 双栏网格模式

双栏网格模式，是指版面中的文本元素在版心排列是以双栏的结构出现。双栏网格主要针对开本大于 32 开、版面宽度大于 14cm 的书籍，这样的版面宽度超出读者视觉控制范围，如果文本满排会造成读者阅读时出现错行的问题，因此可对文本行的长度进行调整，根据版心调整为双栏。双栏的宽度可以均等，也有不均等的形式，如图 3-29 所示。

图 3-29

3. 多栏网格模式

多栏网格模式，即版面中的文本排列是以多栏的结构呈现，该模式一般适合大于 16 开本、版面宽度大于 21cm 的书籍。多栏网格就是三栏或三栏以上的网格栏，形式自由而灵活，适用于大开本的版面，如图 3-30 和图 3-31 所示。如果版面版心的宽度超出读者视觉可控的范围，就可以对版心进行多栏网格设定，页面的编排设计采用多列网格来规划大堆信息，让内容更加清晰合理，便于观者阅读。

图 3-30

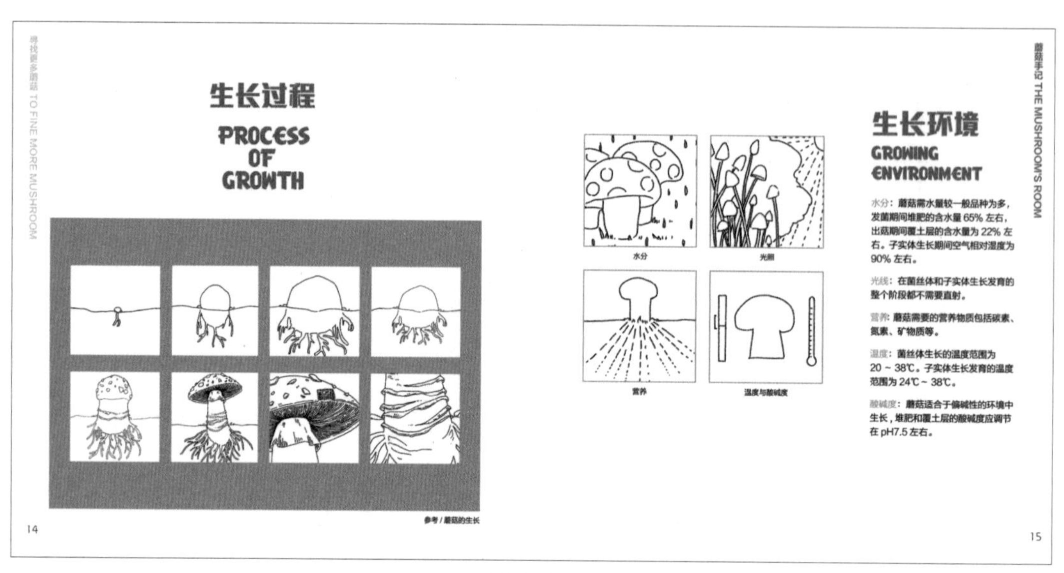

图 3-31

4. 层级网格模式

层级网格是版面设计中较为常见的一种形式，是将页面分成若干区域，如图 3-32 和图 3-33 所示。常见的层级网格都以横栏构成，是根据章节等层级信息对版面进行递进式划分。层级网格按照内容顺序进行排列，逻辑关系清晰，使读者能够快速理解信息的主次。

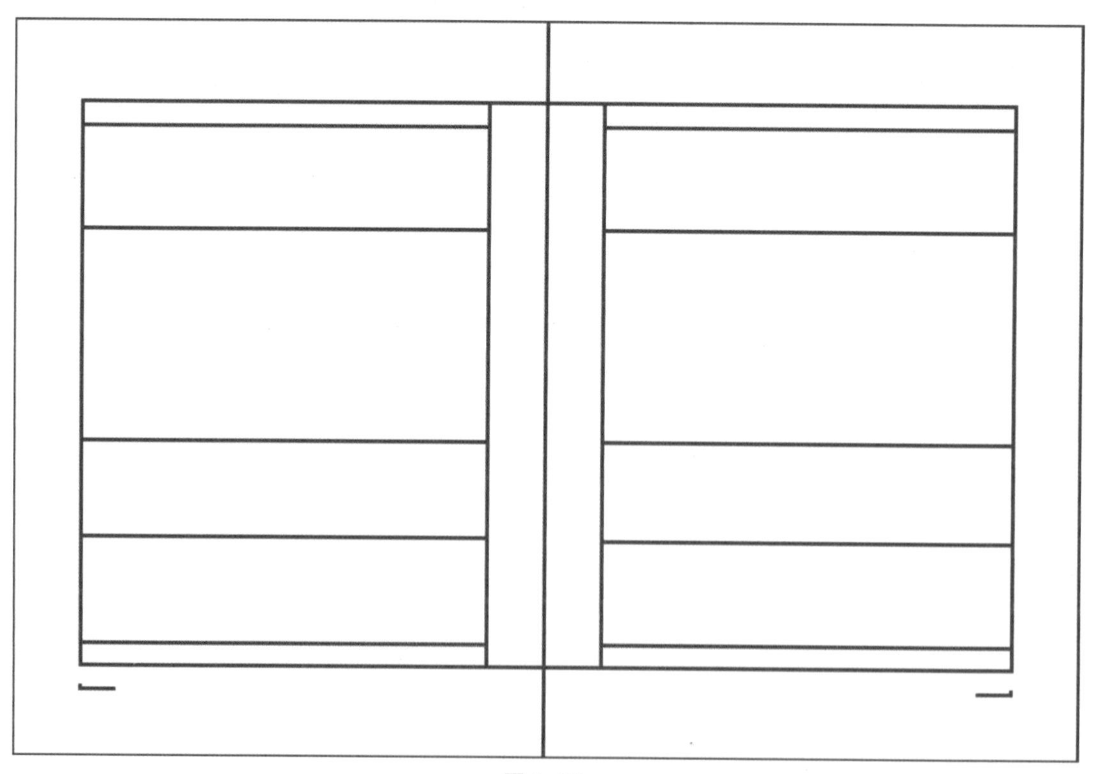
图 3-32

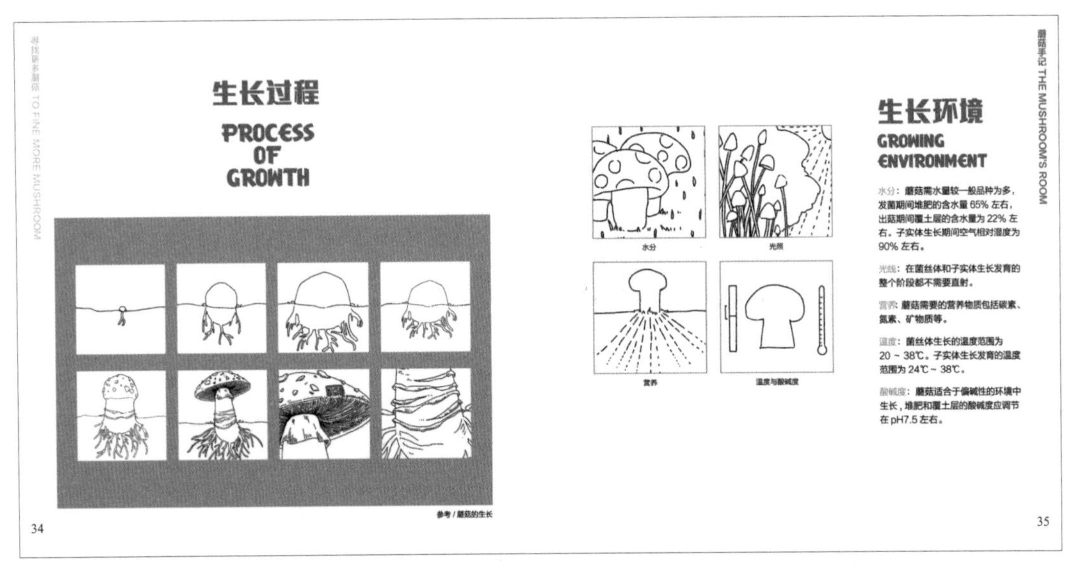

图 3-33

3.3.3 版面图文规划

1. 图文规划的网格设置

版面设计是利用网格脉络关系将版面中的视觉元素进行组织链接，它是以整套书的版面为基础进行规划，形成页面之间和文字、图表之间的关联效能，提高了编排的效率和质量，使文本、图表等视觉元素相互衬托，让读者在阅读的体验中享受版面设计带来的愉悦感。网格设置究竟是怎样使用的，我们用什么样的思维规划网格形式，如何用网格理念将文本和图表进行有机地组织归纳，使书中的每个元素不孤立，这些都是设计师在版面编排中需要思考的问题。

在编排设计中，基线网格是版面编排的最重要的骨架结构，它是确立正文位置和行距的基础，版面中的所有视觉元素的面积位置都是由基础网格决定的，如图 3-34 所示。

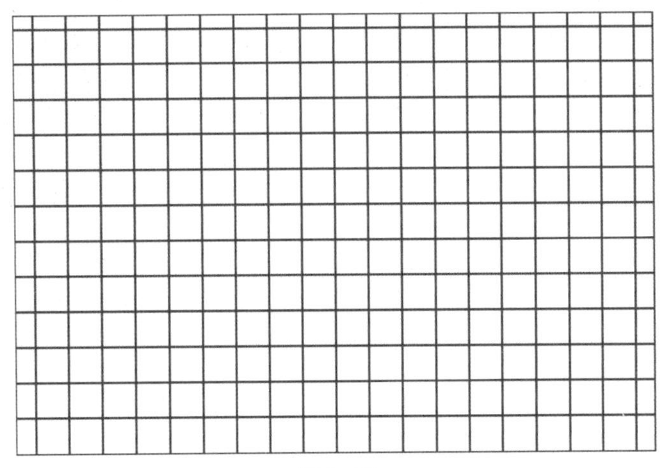

图 3-34

版面中这种基线网格不是真实的线，而是设计师大脑里存在的编排思维的一种外化表达，它关乎版面所有元素的字距、行距、栏距、面积、空间位置，通过基础网格利用水平线及纵向线对版面上的视觉元素进行划分，使版面文本与插图进行有序排列，将版面上的所有元素都沿水平线和纵列线对齐，如图 3-35 所示。

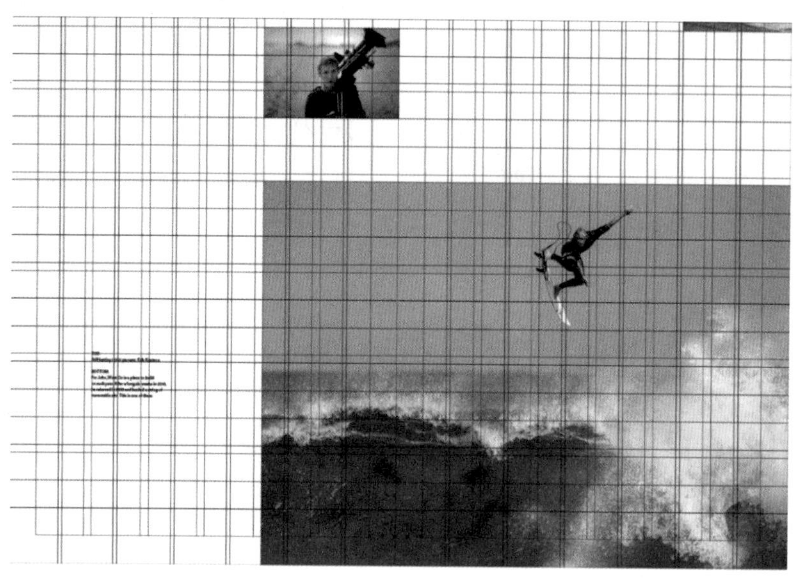

图 3-35

版面以网格结构为主线的目的，是要综合文本、列表、插图等信息元素，并通过版面网格构件或视觉区域进行展现，增加重要信息的可读性。它是编排版面的工具，设计师有意识地在版面信息元素整合时在空间页面中塑造层次关系，目的是给读者一个短暂的停顿机会和一个恰当的理解文本内涵的环境，而这种环境通常需要借助陪衬元素的呼应或者依靠醒目字体，如图 3-36 所示。

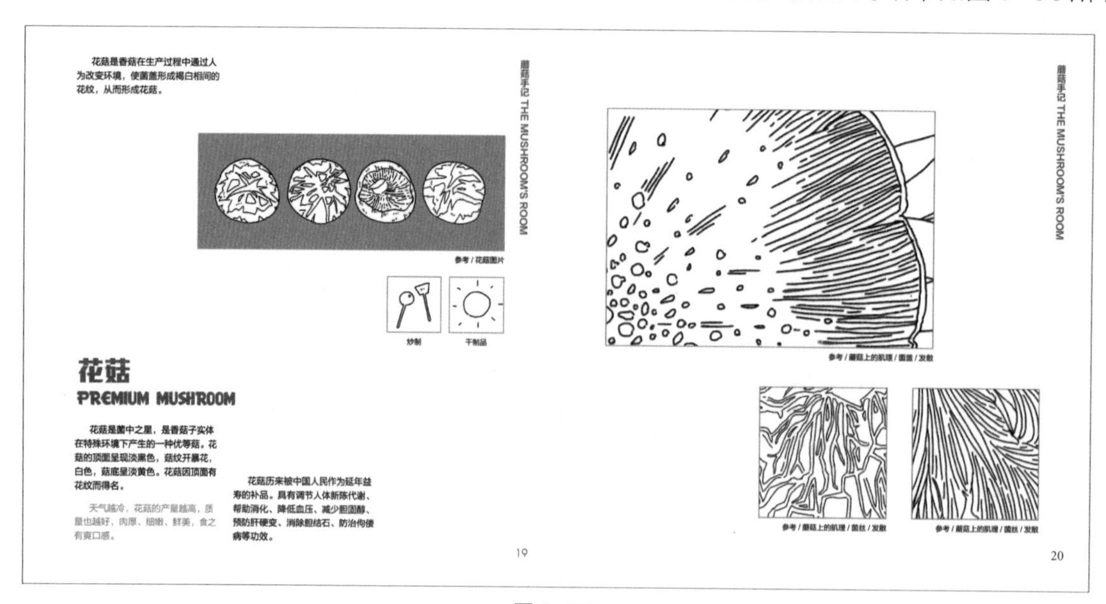

图 3-36

版面中字体字号的不同粗细具有不同的语意，字如果要凸显重要的内容就要使文本视线更为集中，而文本关系直接影响读者的视觉体验，设计师要使用工具条和网格结构把信息分解成段落，强化版面文本语言的沟通能力，目的是帮助读者理解信息内容。

对于版面设计来讲，色彩是协调文本区最有力的工具，设计师利用色彩划分空间也是常用的手段。版面色彩应注意协调统一，避免因页面信息过于凌乱而影响阅读。图 3–37 和图 3–38 为《神奇的动物在哪里》书籍的版面色彩应用，为了更有效地将文本信息传递给读者，设计师有意强化色彩的作用和内涵，通过色彩凸显文本元素，通过设定空间区域能有效规划信息元素的属性并使版面结构更加鲜活生动。

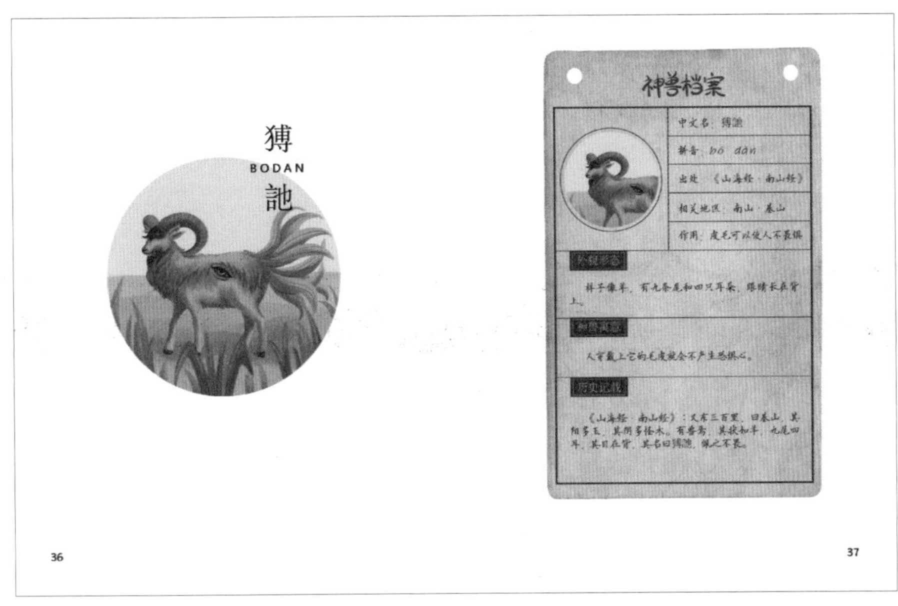

图 3–37

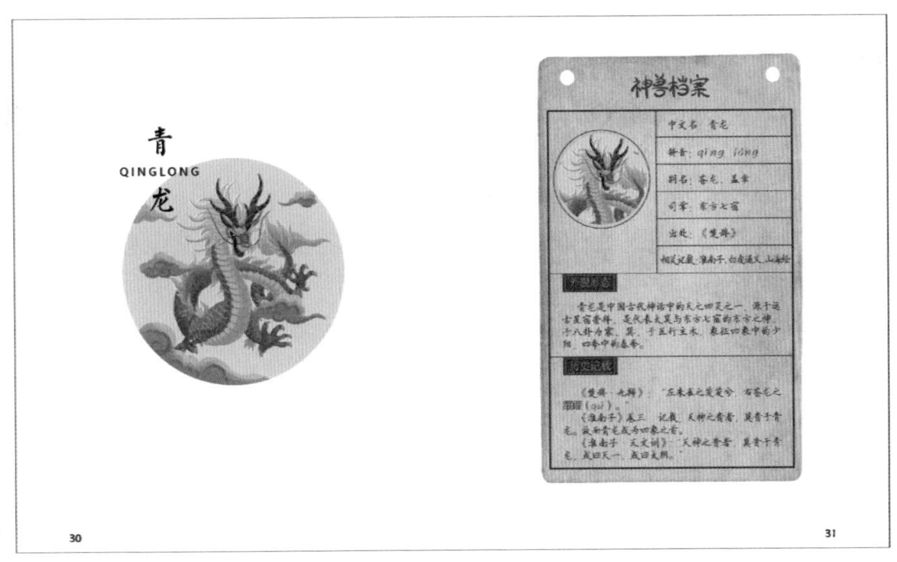

图 3–38

2. 图文合排的形式表达

图文合排，是把文字和图像都严格以网格栏结构进行摆放的一种版面排列方式。版面设计最关键的是信息元素的面积或位置，网格结构实际是版面当中的指挥系统，文本和图片按照规划放到最恰当的位置和占有最合适的面积，即按照网格进行横向或纵向图文联系。

图 3-39 和图 3-40 为图文合排的版面，编排生动而灵活，既有节奏感、秩序感，也能和读者进行有效的视觉沟通。

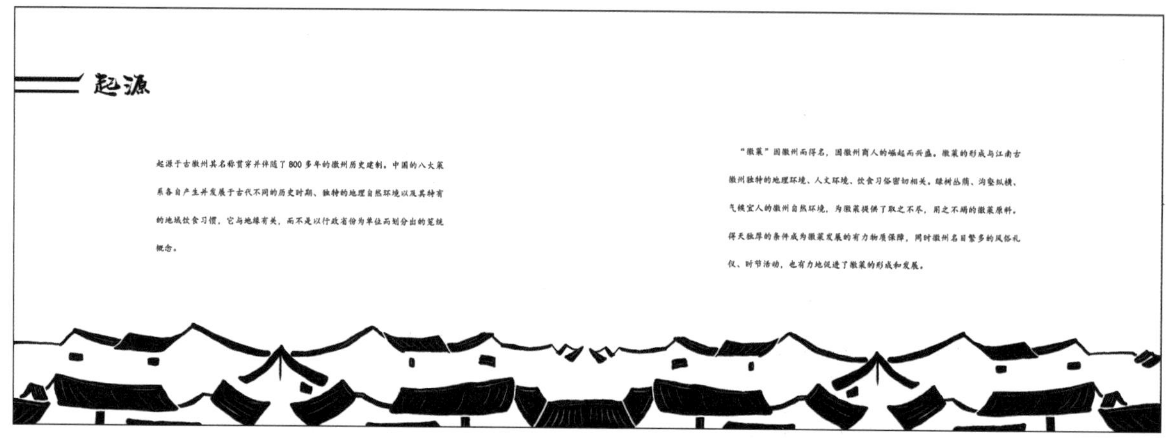

图 3-39

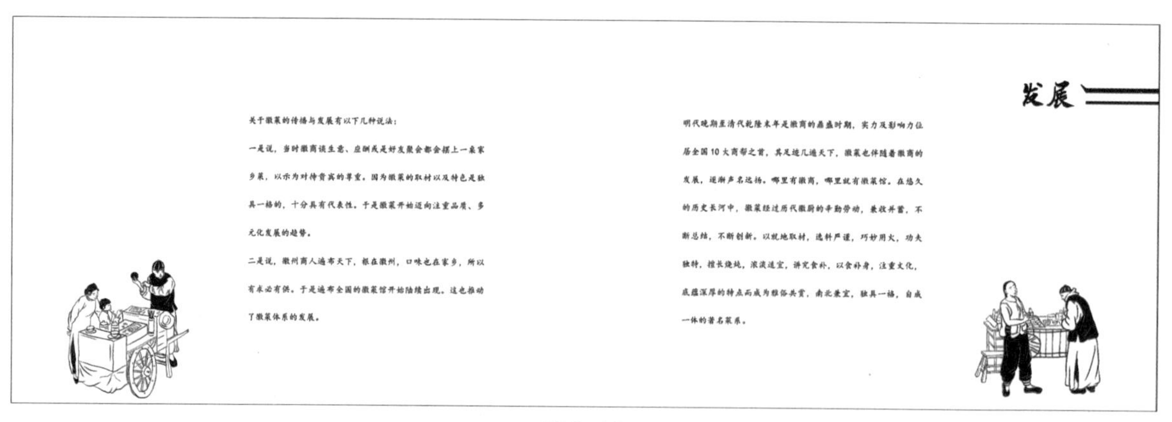

图 3-40

版面模块网格模式是图文合排最有效的结构，对于内容复杂的图文信息，版面设计往往会选择更为实用的模块网格结构，如图 3-41 和图 3-42 所示。在版面设计中，它可以将横栏或竖列元素有效结合，使整个版面结构网格化排列，将版面信息元素横纵组成一体，适用于所有的视觉设计版面，包含书籍、报纸、招贴、网页设计等。网格模块对于信息量大的媒介，编排起来得心应手，设计师应用它可为设计带来极大的便利。

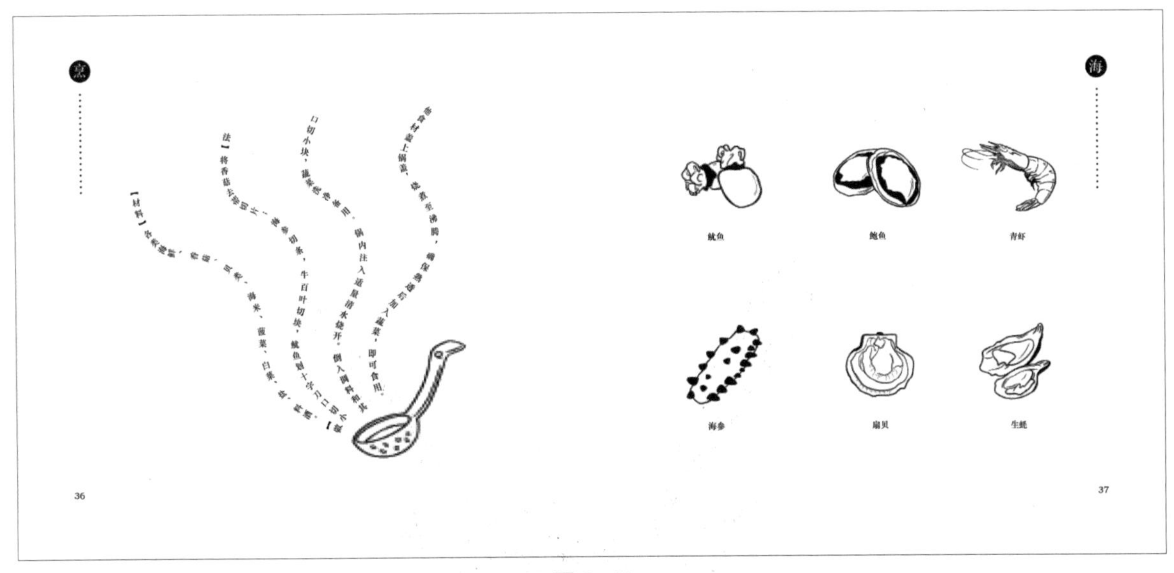

图 3-41

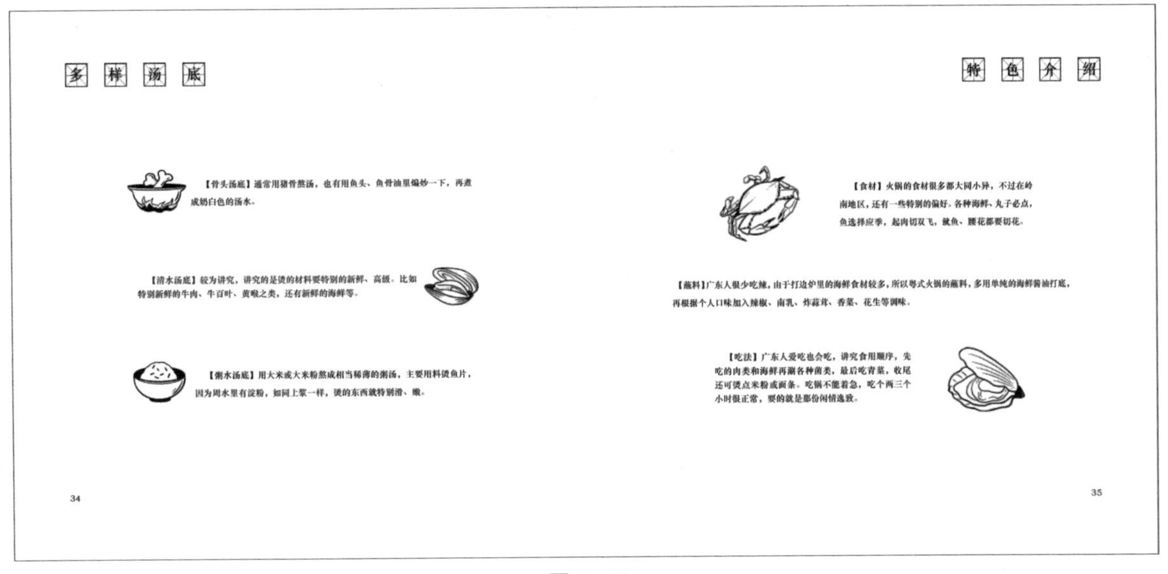

图 3-42

图文合排还有更加自由生动的编排形式，这涉及多列网格或是以文本来塑造形象的编排形式，如图 3-43 所示。通过文字表达形象的编排要依据字体和图形的关系要求进行，这种编排也可以跳出版心，或突破栏的限制。

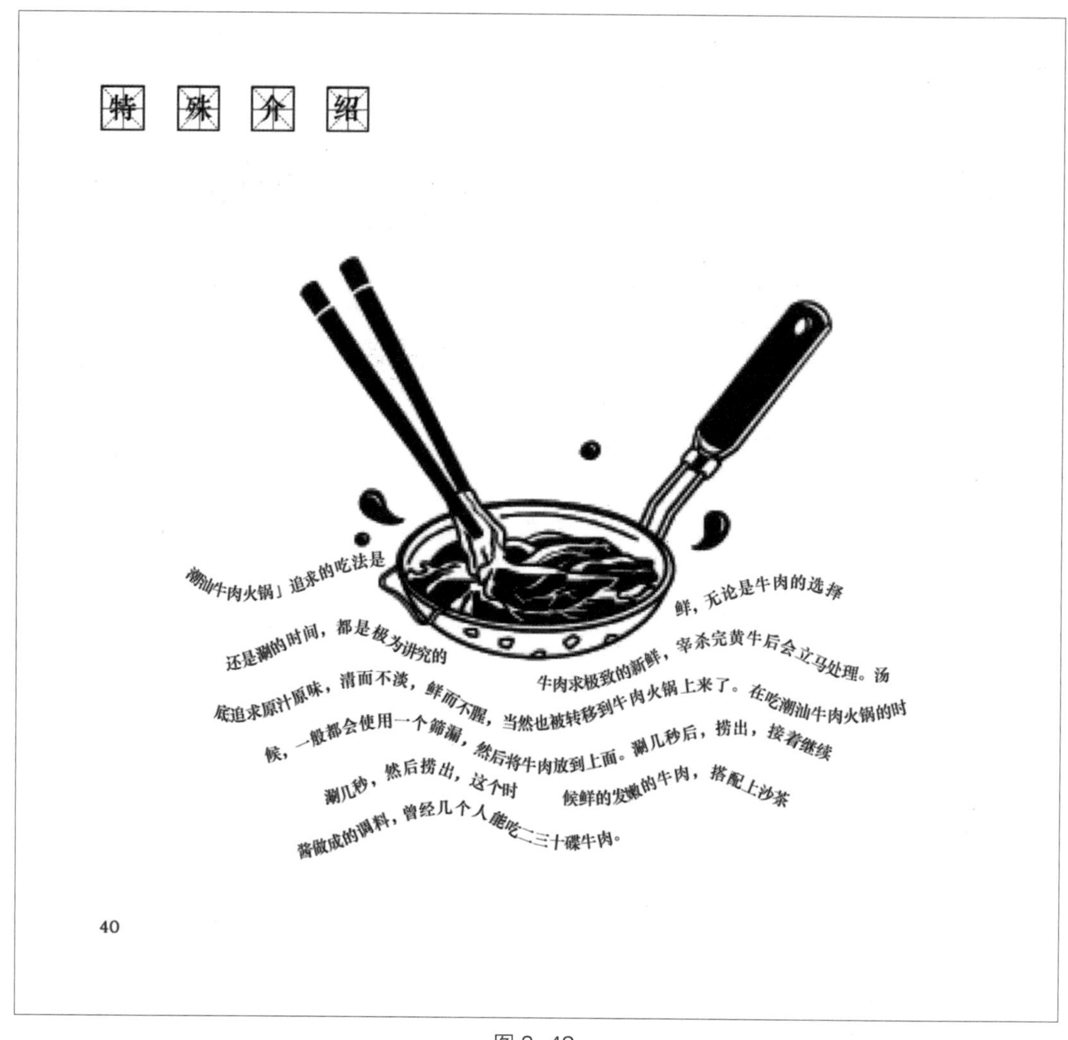

图 3-43

3.3.4 版心的设定

在版面编排中，我们一般把版心理解为页边距以内的区域，严格意义上讲，版心指版面中放置文本和图表的地方。在版面设计中，版心是版面的视觉重心，不同类型的书籍其版心构成大小形式各不相同。图 3-44 是《蘑菇手记》一书的版心设计，版心决定了版面中文本元素的位置和大小，图片位置也受到版面形态的制约。

开本的大小决定版心是用单栏还是多栏，对于开本较小的书籍版面通常以单栏的版心编排。单栏形式的版心页面结构严谨、文本比较稳定，给读者的感受较为端庄大气，适合严谨和逻辑性较强的书籍。单栏版心的缺点是编排稍显死板，在版面设计过程中，设计师为了打破这种沉闷，会强调字体的行距和字距变化，用流畅的字体和特殊的排列强化版面的节奏感，如图 3-45 所示。

图 3-44

图 3-45

双栏版心更适用于大开本规格的页面，由于大开本的版心宽度经常超出人们的阅读极限，因此设计师一般会根据开本的条件把版心分为两个文本栏。双栏版心在编排形态上更加自由，如图 3-46 所示，图文交互更加顺畅且能缓解读者阅读的疲劳，在信息量相等的情况下给读者更好的视觉感受。

图 3-46

双栏版心的规格除双栏相等以外，还有一种形式称为主栏、副栏结构，主栏是以放置书籍的重要内容为主，而副栏则是放图例说明或是概念解释，如图 3-47 所示。双栏版心要协调好主、副栏的宽度比例，如果没有安排好版面主栏、副栏之间的关系，会造成文本层次混乱。

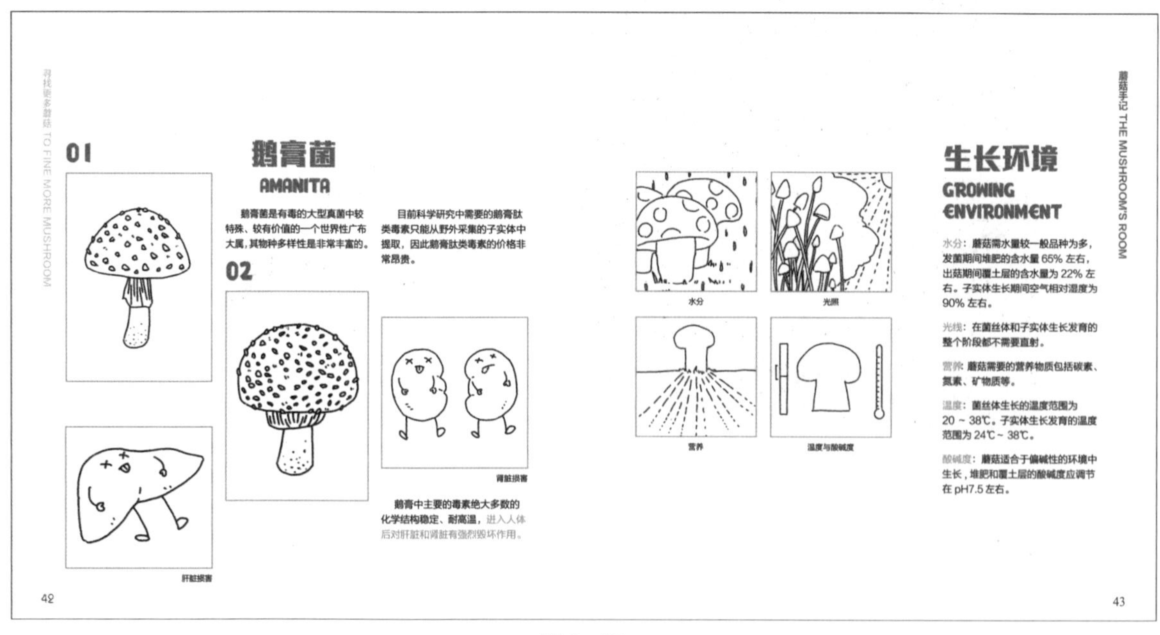

图 3-47

设计师可以根据版面需要设置主、副栏的宽度比值，宽度的尺寸无须完全一致，而要以实际内容的划分为准。如图 3-48 所示，版面被划分成均等的 3 个栏，以一栏占两栏位置，而另一栏占剩下三分之一栏，这样的设置可称作主、副栏设计，为设计师灵活运用主、副栏进行编排创造有利的条件。

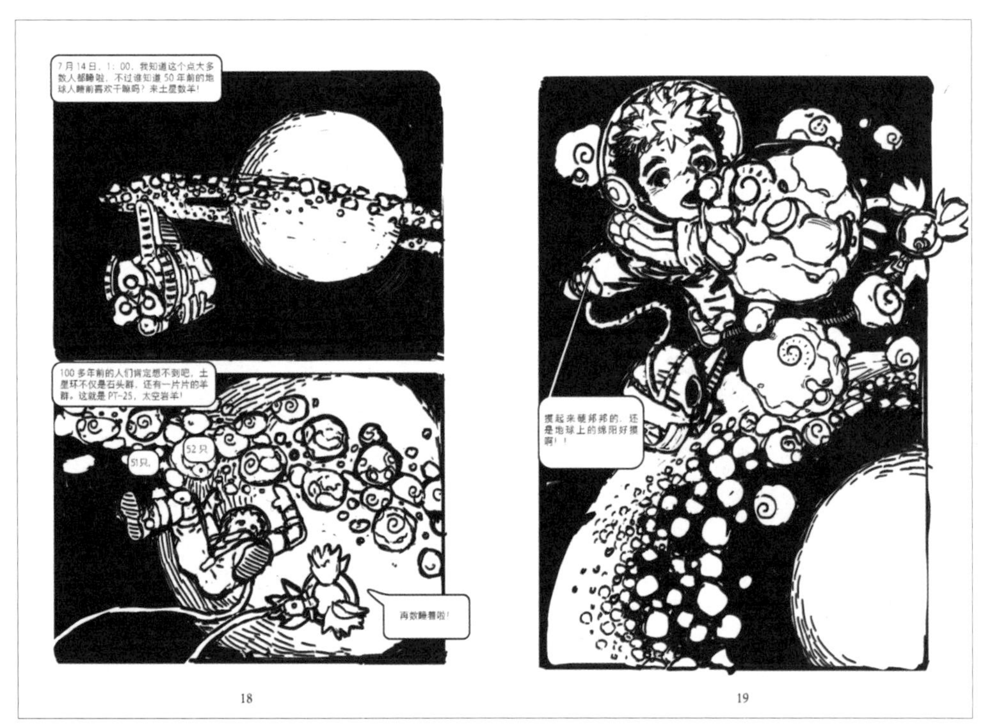

图 3-48

在版心的设计中，理想的栏宽标准为 65~130mm，栏宽长度超过这个范围或小于这个范围都会影响读者阅读的舒适度和流畅性。由于人眼生理结构的局限性，文本栏宽太长，会造成读者阅读过程中阅读文字时连接下一行的能力下降；而文字行宽过短，也会造成读者阅读时不停地回行，使眼睛始终处于高度紧张的状态，给阅读带来不便。因此，栏宽合适的文本是形成流畅版面的重要因素之一。

3.3.5　页边距的设定

版心到切口的距离和版心到边口的距离称为页边距，图书设定页边距的目的是让版面更有秩序，便于读者阅读。不同的书籍类型页边距的大小不各不相同，是随着书籍版心的面积发生变化。版心和页边距的关系是相互依存的，没有页边距的版心不能称为版心，版心与页边距的关系既要遵循书籍的内容，也要符合读者的阅读习惯。

在编排过程中，通常超大页边距的版面几乎很难看到，但也有特殊案例，如图 3-49 所示。这是《西行》一书的内页编排，设计师通过超大页边距衬托出“通关文牒”的视觉形象。尽管这种版面因为留有足够的页边距而显得美观优雅，但是这样的设计是以创意为原则的，相比那些使用小巧页边距的书，以这种较大页边距编排出来的书籍页数会更多，使用的纸张会更多，书籍的出版成本会更高。

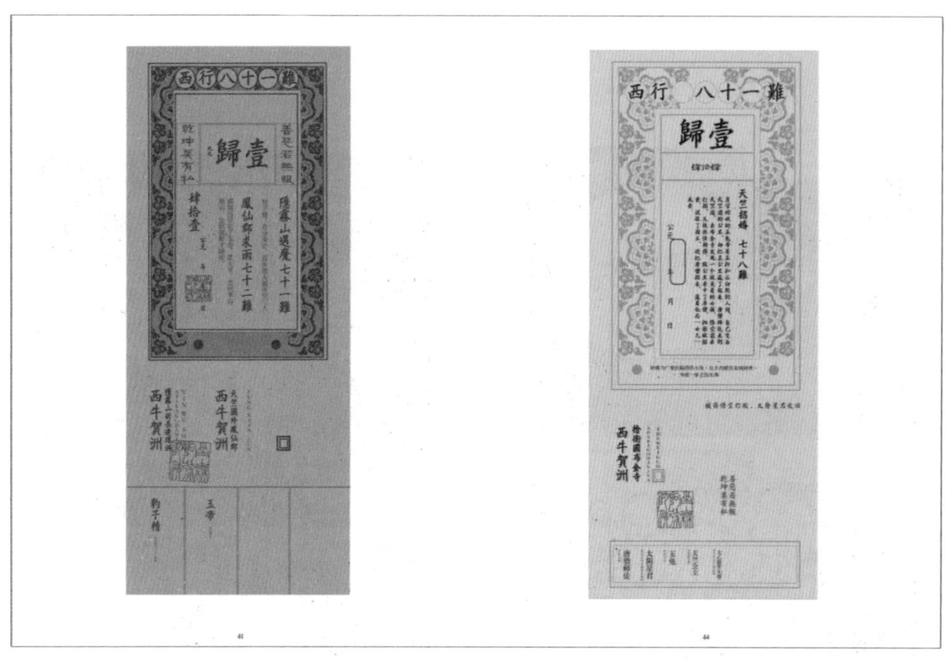

图 3-49

在装订制作环节，装订线页边距的遮挡量取决于书籍或册子的厚度及装订方法，如图 3-50 所示。

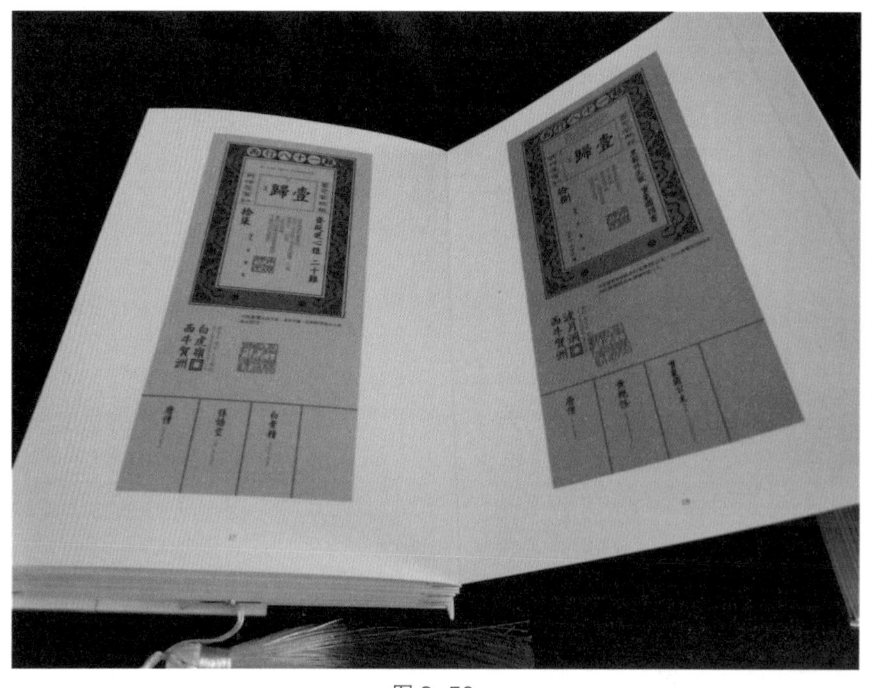

图 3-50

3.4 书籍的字体设计

字体在版面设计中是作为形象进行艺术表达的，字体除了具有识别性之外还具有形象性的特征。例如，超黑体和书宋体进行比较就能明显识别出两种字体的个性特征，黑体的特点是笔画粗壮、横直均匀、突出醒目，常用于内文标题、封面和广告设计，具有现代感；而宋体看起来俊秀优雅，字形端正、刚劲有力，常用于正文。在版面设计中，字体的编排要兼具艺术性与使用性的功能，文字形象需要设计师精心思考与论证。

有效的文字编排是有生命力的，它能让静态的、无生命力的版面鲜活起来，如《侏罗纪漫游指南》书中字体在版面中的应用，通过规整的文字编排和较为大胆的插图设计形成对比，在画面留白部分将文字用单栏版心形式排列，使画面更加稳重生动，如图 3-51 和图 3-52 所示的。

图 3-51

图 3-52

3.4.1 字体的选择

在书籍版面设计中，文本的构成形态是由书籍的内容决定的，版面中大篇幅的文本会影响读者的阅读效能，因此选择合适的字体是成功设计页面的第一步。

在选择字体时应以读者阅读的流畅度为基础，这取决于设计师对主题的了解与认知，如介绍传统文化内容的书籍，选择字体时要关注字体的文化性特征。如图 3-53 所示，《倾国倾城》的版面编排字体选择宋体，这是设计师有意为之，宋体字的符号性有效地将读者带进书籍的文化意境。

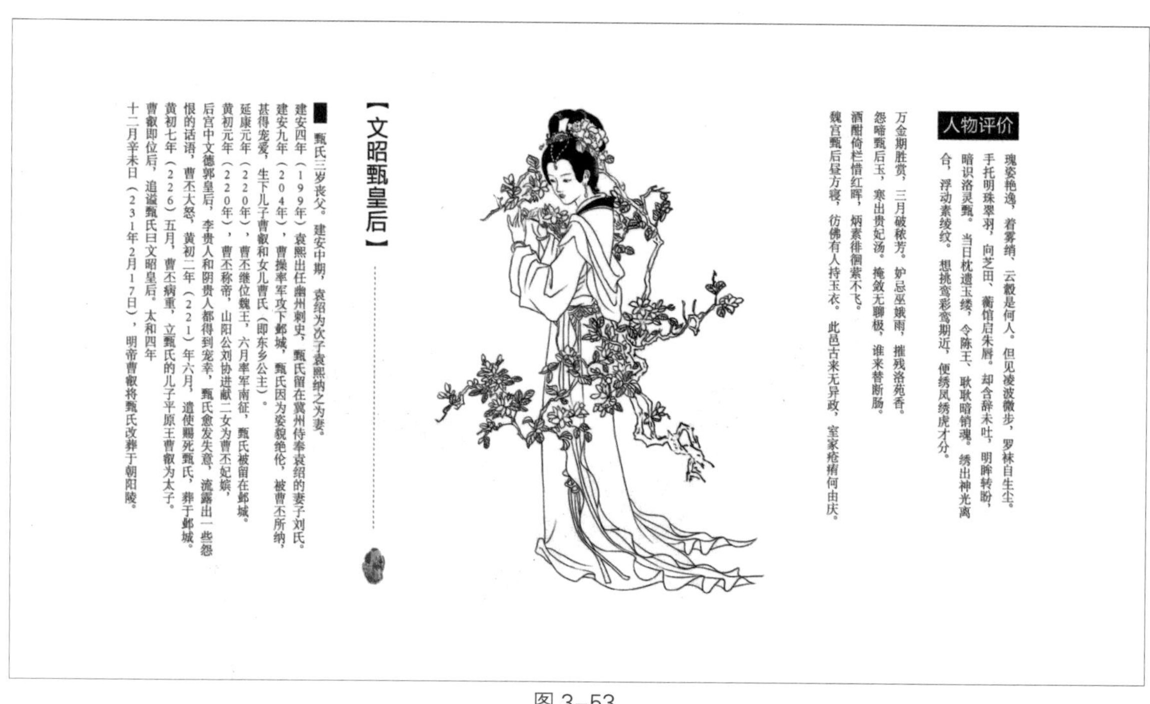

图 3-53

字体的应用还要配合编排与构图等，版面中恰当的字体既能保证书籍的阅读功能，又带有一定的艺术美感。

3.4.2 字号的应用

影响可读性的因素有很多，文本的字号大小也是影响可读性的重要原因之一。字号的大小是根据字体在版面的任务而确定的，字号过大或过小都会给阅读带来不便。字号选择还需要考虑读者的生理条件，针对老年读者和儿童读者的书籍，要使用相对更大一些的字号，以满足受众需求。

字号与书籍的文本、开本，以及书籍的厚度都相关，不能单方面孤立考虑字号的大小。设计师应清晰认识到同样的字号给读者的阅读感不尽相同，使用“超黑体”要比使用“书宋体”更加醒目，这是字体自身形象特征的视觉效应所决定的。字体字号的选择要以字体的具体应用为原则，标题文字字号相应放大，而正文文本字号不宜过大，如图 3-54 所示。

图 3-54

3.4.3　字距与行距的应用

一个舒适度较强的版面一定是层次清晰、版面信息节奏完整的。良好的版面构成需要构筑版面中所有的视觉信息元素，这里包含字体之间的距离和字体的粗细关系，对于粗体的文字字距要适当放大避免文字连成一片，干扰读者的阅读，字距与行距的关系要清晰明确，文字编排行距一定要大于字距，这是编排的原则，否则版面文字的排列就会显得混乱。从文字编排的普遍原则来看，协调的字距和行距会使版面更流畅，如图 3-55 所示。

班固是东汉前期的著名赋家。

他的代表作《两都赋》，

由于萧统编纂《文选》列于卷首，而受到人们的普遍重视。

《两都赋》在体例和手法上都是模仿司马相如的，是西汉大赋的继续。

但他把描写对象，由贵族帝王的宫苑、游猎扩展为整个帝都的形势、布局和气象，

并较多地运用了长安、洛阳的实际史地材料，

因而较之司马相如、扬雄等人的赋作，有更为实在的现实内容。

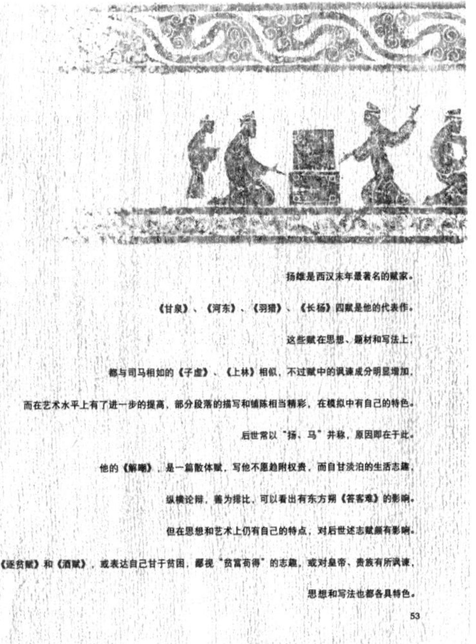

扬雄是西汉末年最著名的赋家。

《甘泉》、《河东》、《羽猎》、《长杨》四赋是他的代表作。

这些赋在思想、题材和写法上，

都与司马相如的《子虚》、《上林》相似，不过赋中的讽谏成分明显增加，

而在艺术水平上有了进一步的提高，部分段落的描写和铺陈相当精彩，在模拟中有自己的特色。

后世常以"扬、马"并称，原因即在于此。

他的《解嘲》，是一篇散体赋，写他不愿趋附权贵，而自甘淡泊的生活志趣，

纵横论辩，善为排比，可以看出有东方朔《答客难》的影响。

但在思想和艺术上仍有自己的特点，对后世述志赋颇有影响。

《逐贫赋》和《酒赋》，或表达自己甘于贫困，鄙视"贫富苟得"的志趣，或对皇帝、贵族有所讽谏，

思想和写法也都各具特色。

53

图 3-55

3.5 书籍的编排形式

3.5.1 文本的编排

文本的编排形式是书籍装帧设计的重要节点，不论是封面上的文字还是在内页版心的文字，文本的形式都是以实用的艺术化规范进行编排。

1. 文本的基本排列形式

从内页版心的文本结构来分析，可以将文本排列形式分为如下两种。

(1)“齐头齐尾”形式。“齐头齐尾”文字段落，是指段落文本两端文字对齐排列，一般在内页单列网格或双列网格模式中经常应用，如图 3-56 所示。齐头齐尾的编排形式最为普遍，排版的视觉效果稳重大气，文本长短一致的版面可读性更佳，只要字体挑选得合适、行距合适，遵循版面设计的原则，就可以使读者阅读起来轻松流畅。

图 3-56

(2)“齐头散尾”形式。“齐头散尾”的文字编排形式可以说是静中有动的状态，版面的起始行都排在设置好的线上，行尾处参差不齐，这样的排版灵活生动，段落具有较强活力，如图 3-57 所示。这种编排主要包含 5 种排列走向，即左齐右不齐、右齐左不齐、上齐下不齐、下齐上不齐，以及中对齐。

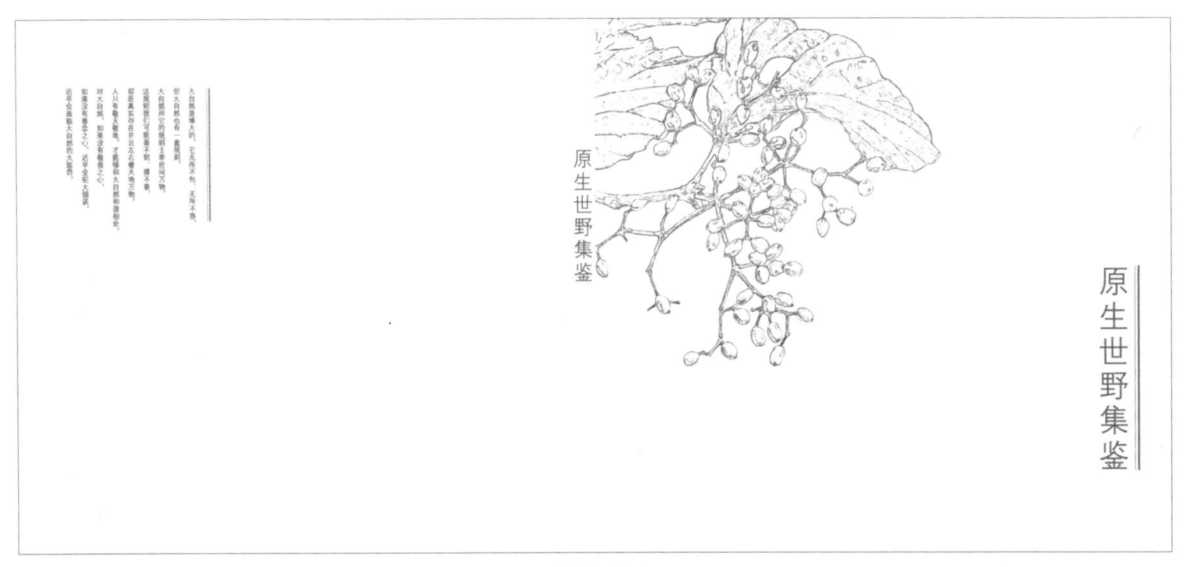

图 3-57

横排左齐右不齐、右齐左不齐的排列方式，多用于图版说明、解说文本、插图说明等地方，也有用于扉页和标题等部分的排版，如图 3-58、图 3-59 所示。

图 3-58

图 3-59

竖排上齐下不齐、下齐上不齐的排列方式，多见于中国传统文化、知识百科等主题内容的书籍。上齐下不齐版面起始行排列都按设置好的水平线对齐进行排版，使版面呈现上面整齐划一，行尾长短不一，使版面文本生动自然，好像吹落的柳枝，静雅而抒情，如图 3-60 所示。下齐上不齐是版面结束文本行排列都按设置好的水平线对齐进行排版，使页面文本呈现下面文本行结尾整齐一致，上面起始文本长短不一，画面给人一种自然生长，像草生长的姿态，娴静而生动的感觉，如图 3-61 所示。

第一時期

自汉高祖初年至武帝初年。

当时所谓"大汉初定，日不暇给"。

封建统治者在思想文化上禁锢不严，儒家思想尚未占据统治地位。

当时诸王纳士，著书立说，文化思想还比较活跃。

这一时期的辞赋，主要仍是继承《楚辞》的传统，

内容多是抒发作者的政治见解和身世感慨之作，在形式上初步有所转变。

这时较有成就和代表性的作家是贾谊，此外还有淮南小山和枚乘等人。

图 3-60

自汉武帝刘彻到宣帝刘询的时代，即所谓西汉中叶，

这是汉帝国经济大发展和国势最强盛的时期。

汉武帝是一个雄才大略的皇帝，他上承"文景之治"，

为了进一步保卫国家和巩固政权，他又北向出击匈奴，弭除了历年的边患；

用兵南方，结束了南方一些部族纷争的局面。

这在一般封建文人眼里，无疑是一个值得颂扬的"盛世"。

又加上武帝好大喜功，雅好文艺，

招纳了许多文学侍从之臣在自己身边，提倡辞赋，诱以利禄，

因而大量歌功颂德的作品，就在所谓"兴废继绝，润色鸿业"的借口下产生了。

44

图 3-61

TO FINE MORE MUSHROOM

参考 / 平菇图片

平菇

PLEUROTUS OSTREATUS

平菇也称侧耳、糙皮侧耳、蚝菇、黑牡丹菇。

平菇芽管不断分枝伸长，形成单核菌丝。性别不同的单核菌丝结合（质配）后，形成双核菌丝。

中医认为平菇性温、味甘。具有驱风散寒、舒筋活络的功效。用于治腰腿疼痛、手足麻木、筋络不通等病症。

平菇中的蛋白多糖体对癌细胞有很强的抑制作用，能增强机体免疫功能。

平菇对人体具有延年益寿的功能，优于动植物食品。

20

图 3-62

对于居中式编排的应用比较常见的是诗集，或是章节文字作为形象元素进行排列，其目的是以视觉美的角度处理文本形象，并从整个版面文本的读者感受来理解。这样的文字排序左右参差长短不一，有水中月影的诗性和抒情，符合节奏美的情境风格，如图 3-62 所示。但要注意，这种排列方法在正常的大篇幅文本版面中应尽量谨慎使用，以免显得杂乱。

2. 文本形象的塑造

文本形象要以意达形，版面文本的形象塑造决定了一本书是以安静的表情还是活泼的形象与读者沟通，这是根据书籍的内涵设定文本风格。流畅有效的阅读是文本形象塑造的最终目的，形象突出的文本更易引人注意。

对大篇幅文本进行编排设计时，要注意大的编排关系，要谨慎对文本进行个性化表达，不能为了形象而脱离文本本身的内容，应确定哪些文本是可以通过个性化表达进行信息传达的。图 3-63 为设计师将文本塑造成牡丹的形象，用以表达传统女性的内涵。

版面层次关系是以插画、文本、色彩、栏版心面积、书眉位置等元素进行的编排。文本不是孤立存在的，版面设计过程中，文本的疏密、动与静都与其他元素的面积位置相关。图 3-64 中的文本构成形态是围绕蘑菇的形象来进展的，产生一种将蘑菇放进锅里激起波浪的感觉，画面形象清晰生动。

倾国倾城
倾国倾城语出自汉武帝时音乐家李延年诗『北方有佳人，绝世而独立，一顾倾人城，再顾倾人国。宁不知倾城与倾国，佳人难再得』。这位佳人就是他的妹妹，武帝闻此曲后，遂纳纳其妹为妃，即史上所称的『李夫人』。
李夫人貌美如花，通音律，善歌舞，很受武帝宠爱，后因病重，武帝时常前往探望，而李夫人始终背对武帝，不以正面侍君，说是病颜憔悴，怕有损在武帝心中的美好形象，李夫人死后，武帝在很长一段时间都对她怀念不已。白居易据此写了一首讽谕诗《李夫人》。

图 3–63

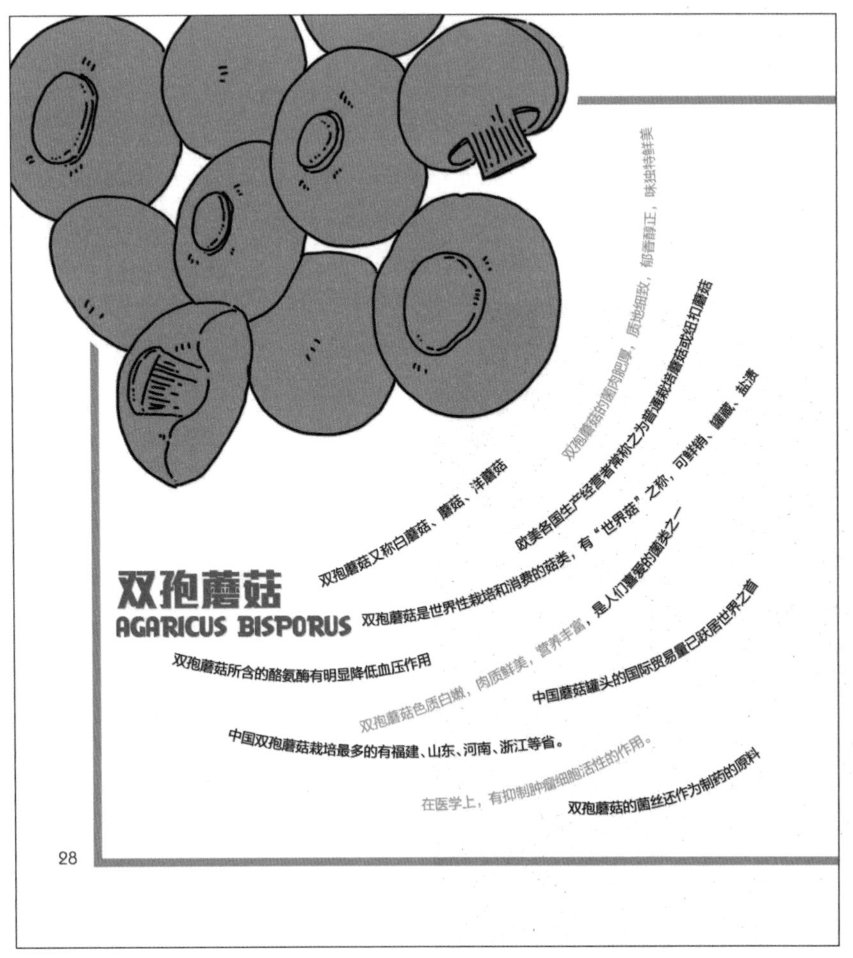
双孢蘑菇
AGARICUS BISPORUS
双孢蘑菇的菌肉肥厚，质地细致，郁香静正，味独特鲜美
欧美各国生产经营者常称之为普通栽培蘑菇或纽扣蘑菇
双孢蘑菇又称白蘑菇、蘑菇、洋蘑菇
双孢蘑菇是世界性栽培和消费的菇类，有"世界菇"之称，可鲜销、罐藏、盐渍
双孢蘑菇所含的酪氨酶有明显降低血压作用
双孢蘑菇色质白嫩，肉质鲜美，营养丰富，是人们喜爱的蔬类之一
中国蘑菇罐头的国际贸易量已跃居世界之首
中国双孢蘑菇栽培最多的有福建、山东、河南、浙江等省。
在医学上，有抑制肿瘤细胞活性的作用。
双孢蘑菇的菌丝还作为制药的原料
28

图 3–64

3.5.2 栏距的编排

版面设计中网格栏与网格栏的距离我们称作栏距，目的是区分栏的边界。版面栏距大小不是孤立而为，它与文本的行距关系相互制约，通常版面栏之间的距离要大于行距，只有这样版面中栏的边界空间才更加完整且清晰，如图 3-65 所示。栏距是划清短文字最重要的手段，过宽或过窄都会误导读者的阅读顺序。

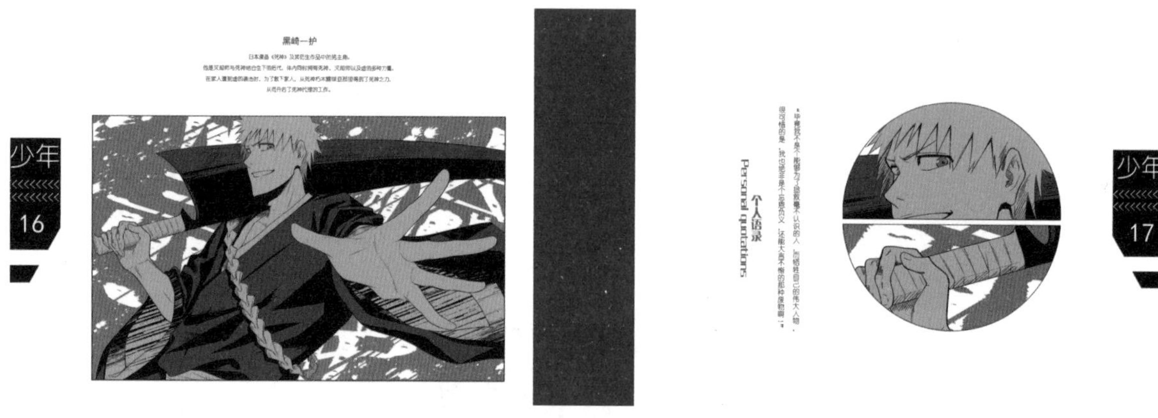

图 3-65

版面设计中表现栏与栏版式的关系是依靠栏距来实现的，如图 3-66 所示。每本书的版面栏距一定是统一的，如果书籍的版面栏距不统一会造成整本书的视觉信息元素不一致，书籍版面设计不能形成完整的视觉标记。

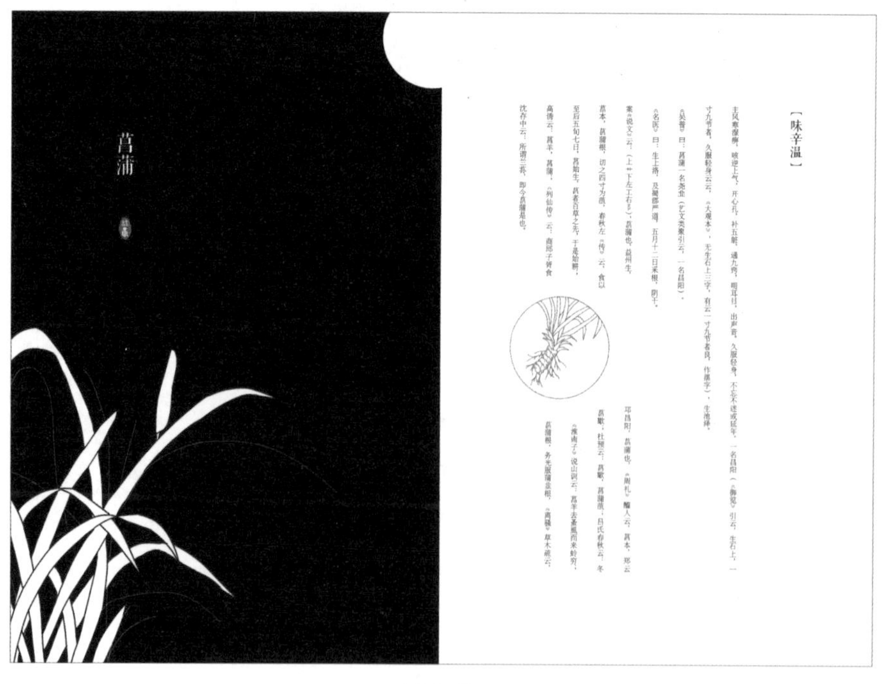

图 3-66

3.5.3　页码的编排

页码的编排是个系统性的工作，在书籍版面设计中页码是表示页面数的元素。页码的功能一般是为了满足读者阅读时查阅信息的需求，其设置与版心的设置基本一样，没有教条死板的规定，设计师可以在符合基本功能性需求的前提下尽情发挥创意来设置页码。

为了方便读者查阅页码，大多数时候页码被置于页面下方，与版心的外边缘对齐，将页码放于版心之外，如图 3-67 所示。此外，页码也可以放在页面翻口中间位置或置于页面书眉处，还可以将页码置于版面下切口中间处，目的是既不影响正文又容易查找。

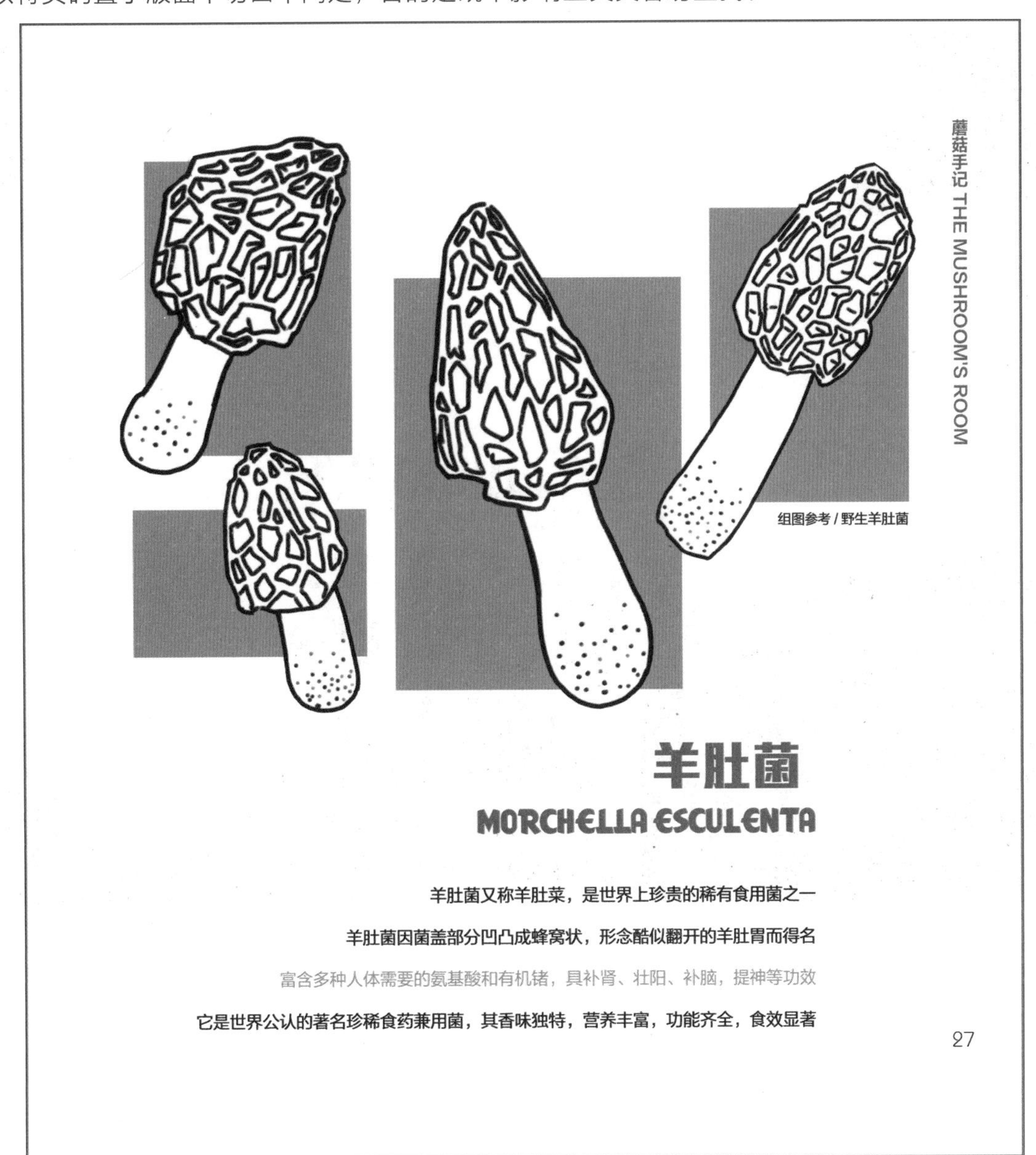

图 3-67

3.5.4 标题的编排

书籍版面标题的重要性在于它是读者按照逻辑逐级认识书籍思想的关键，版面中涉及的标题就是读者解构书籍精神内涵的起点。根据书籍类型的不同，重点标题的设计可运用不同手段来实现，如文学著作大篇幅文本的标题与理论书籍的标题，适用规则有本质的不同。

如图 3–68 所示，《银河漫游指南》为学生课堂练习，属文学类出版物，其章节结构较为简练明晰，通过几个章节就要将故事讲清楚，因此这类文本要使用较大的字号，简明扼要地突出重点，才能让读者快速地接收到主要信息。

图 3–68

理论书籍或教材得通过更加细腻的章节结构对理论思想进行具体分析，它要通过对章节的细化讲明概念的由来和意义，对这类图书版面标题需进行适度调理和规范，有利于引导读者理解书籍中要传达的智慧，所以标题要针对不同的文本形式有所区别。如图 3–69 所示，在《宇宙盆栽》书籍的简介中，文字选用标宋体，标题和内文文字对比更加清晰，又协调统一，符合书中内容的基本格调，文字下的图是一个贯穿整个页面的跨页图，正好烘托标题和内页文字。

序

2079 年，一种新的职业随着航天技术的发展诞生了。22 世纪的人们将外太空星球发现的新物种称为太空盆栽，而被人类派遣寻找这些“盆栽”的宇航员被叫做太空园丁。园丁们在太空旅行中把盆栽的信息传递回地球，以 PT- 为编号为发现的新物种命名。

随着这门行业的发展，到了 2050 年，也就是现在，民间私人改造飞船已经不是一件稀奇的事了，越来越多的非官方园丁开起了自己的宇宙探索。宇宙盆栽记录在案的数量已经接近 900 种。

我的母亲是我的太空知识导师，也是一名优秀的太空园丁。8 年前，她被公林航天协会派遣去宇宙最危险的地方之一 -- 空洞进行考察，她至今仍未回来。我筹备了五年改造出属于自己的跨空间飞船“翻车鱼”号，今天，我终于可以和我的搭档“剪子”一起出发，去空洞里寻找妈妈。

2　　3

图 3–69

如图 3–70 所示，在《原生世野集鉴》一书中，标题“山菜美食”与内文及插图的关系则更加注意版面的背景空白及空间面积的大小，将两个元素的关系处理得更加清晰。

图 3–70

第4章　书籍装帧设计的创意

本章概述：

本章主要介绍书籍装帧设计的创意方案，以及书籍视觉形象的定位、形象提取、形象表达。

教学目标：

了解如何从内容丰富的书籍中提取最有价值的视觉形象，并在书籍装帧设计中将这些形象表现得充分而准确。

本章要点：

深刻理解书籍创意的核心方向，并能在书籍装帧设计中把控好书籍结构的空间感。

4.1　书籍装帧设计整体策划

4.1.1　书籍策划创意流程

书籍策划是根据选题及读者文化需求而实施的创意规划，设计师需要深入了解作品的意义和内涵，并提炼视觉艺术形象，提出一套设计方案，保证书籍的出版质量。

创意就是改变人们固定的思维形式，从常规的视觉形象中挖掘视觉亮点，帮助设计师找到更具价值的形象。书籍装帧设计师面对新的选题时，首要分析书籍主题思想的可视化理由，任何艺术设计的目的都是以人的需求为前提的，没有人的需求设计师的创意就没有指向性和目的性，设计就会变成为没有生命力的形式。在项目的早期阶段，设计师明智的做法是收集任何信息并提取能提取的各种视觉元素，通过创意将提取的信息巧妙融入书籍装帧设计作品当中。

书籍装帧设计过程中对视觉艺术形象的提取，是书籍装帧设计的基础和保障。书籍装帧设计的整体基调和风格都是在研究以往信息数据的过程中形成的，书籍装帧设计师必须充分利用这些资料的价值来充实设计视野。

书籍装帧设计是一个非常具有挑战性、趣味性和创造性的工作，它既要满足市场和出版者的需求，又要符合设计师自我独特的艺术风格和艺术创作的精神满足。设计师是书籍内容和读者的调和者，书籍的整体形象要与读者的审美需求达到完美融合，设计师要根据市场环境对信息资料进行整合归纳，以更好地发挥思维想象，用独特的视角挖掘书籍的内在价值。优秀的书籍装帧设计超越了最初只能满足构成书籍的最基本的条件，它们不仅是储存文字信息的载体，还包含了设计师的情感和温度，书籍的每一个页面都会留下设计师的个人审美烙印。

可以说，书籍形象表达是设计师以市场为原则，深入分析并进行艺术表达的结果。对内容的准确理解是设计师提取艺术形象并视觉化成功的关键。下面我们用案例来说明书籍策划的意义和价值。

侏罗纪为一个地质时代，是由法国矿物学家、动物学家亚历山大・布隆尼亚尔根据德国、法国、瑞士边界的侏罗山命名，侏罗山有很大规模的海相石灰岩露头。侏罗纪前期，因为经历大灭绝，各种动植物都非常稀少，但其中恐龙总目一枝独秀，侏罗纪中晚期恐龙成为地球上最繁荣的物种，统治地球约 1.5 亿年，直到白垩纪第三纪灭绝。《侏罗纪漫游指南》书籍的内容主要是以考古发掘为依据展现恐龙的传说，书籍策划的整体规划图（见图 4–1）通过各种细节流程将全书整体面貌勾勒清楚。书籍借用封面与封底相呼应的关系巧妙厘清主题，封面是恐龙蛋的图形化符号，而封底是一个放大镜在观察恐龙蛋的特写镜头，这种呼应充分体现书籍的研究性特征（见图 4–2）。简介的图形是以侏罗山为背景的恐龙生存环境（见图 4–3），目录通过各种龙的形象来进行标注（见图 4–4），内页用图文来精细化展现恐龙的生理特征（见图 4–5）。书籍装帧设计制作成书的效果图和页面展开平面图，如图 4–6 所示。

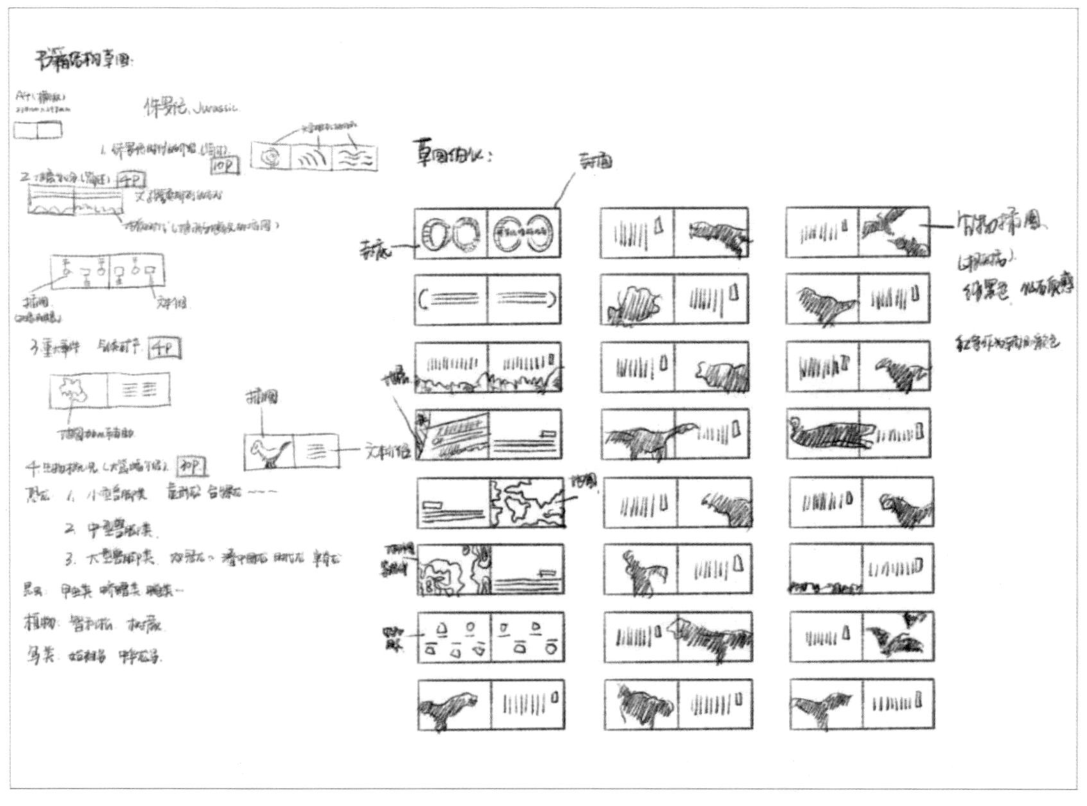

图 4–1

图 4-2

图 4-3

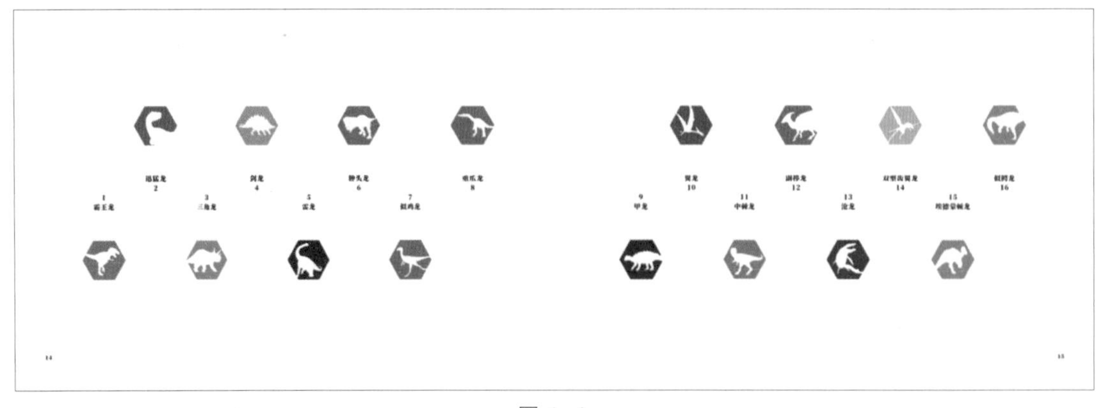

图 4-4

图 4-5

图 4-6

4.1.2　书籍设计创意构思

书籍装帧设计几乎涉及了视觉传达设计的所有课题，设计师不仅需要关注书籍图形的语言及书籍版面的编排等，还要关注书籍的印刷与装订，以及组成书籍的材料。由于书籍是很多单幅页面组成的整体，因此设计不能只思考单页局部的创意，而要从大的维度来思考书籍的整体形象。书籍装帧设计的创意必定受到各种设计条件的制约，设计师为了体现主题和满足读者的要求，需强化视觉语言表达能力，用形象与读者进行交流。

书籍的视觉化要依据书籍的主题，不能毫无根据地选取视觉形象。我国古代画家认为“作画必先立意，以定位置”，作画如此，书籍装帧设计也应如此，“意”是指画家的意念、意向，“立意”就是经过设计师认识后的恰当表现。

《西行》这本书是依据《西游记》中八十一难的故事改编而成的书籍，装帧设计很好地利用创意将看起来浪漫主义的故事做得更有深度，设计师没有像以往拿最有普遍共识的唐僧、孙悟空、猪八戒、沙僧等师徒四人为表现元素，而是将书中最不起眼、最不引人注目，但贯穿取经路上的重要道具“通关文牒”作为关键性的形象，并将其做到极致，达到很好的效果。书籍封面和封底是连接起来的寺院的正门，将门打开就是展现《西行》八十一难的故事细节（见图 4-7)。书籍的结构是用传统的经折装结构为载体，经折装和取经的故事协调统一，恰当而准确（见图 4-8)。《西行》展开后内页的画面为通关文牒的展示效果（见图 4-9)，结构完整，有很强的时代感。

图 4-7

图 4-8

图 4-9

4.2 书籍装帧设计的视觉化表现

4.2.1 书籍视觉形象的提取

书籍是储存信息的载体，即使是相同内容的书籍，每本书都有自己独特的有别其他书籍的地方。世界上没有完全一致的书籍形象，将有意义的信息从几十万字内容的书中提取出来是设计师最重要的价值，也是设计师存在的意义。

《茶》的书籍装帧设计就体现了设计师的这种提取能力，设计师做了大量的关于“茶”文化的研究，收集充分的资料，深刻体会到“茶”的文化内涵，由内而外地对书籍进行规范化整合，从装订、编排、插图，到纯天然的手工纸，都体现了中国元素的符号特征，如图 4-10 所示。

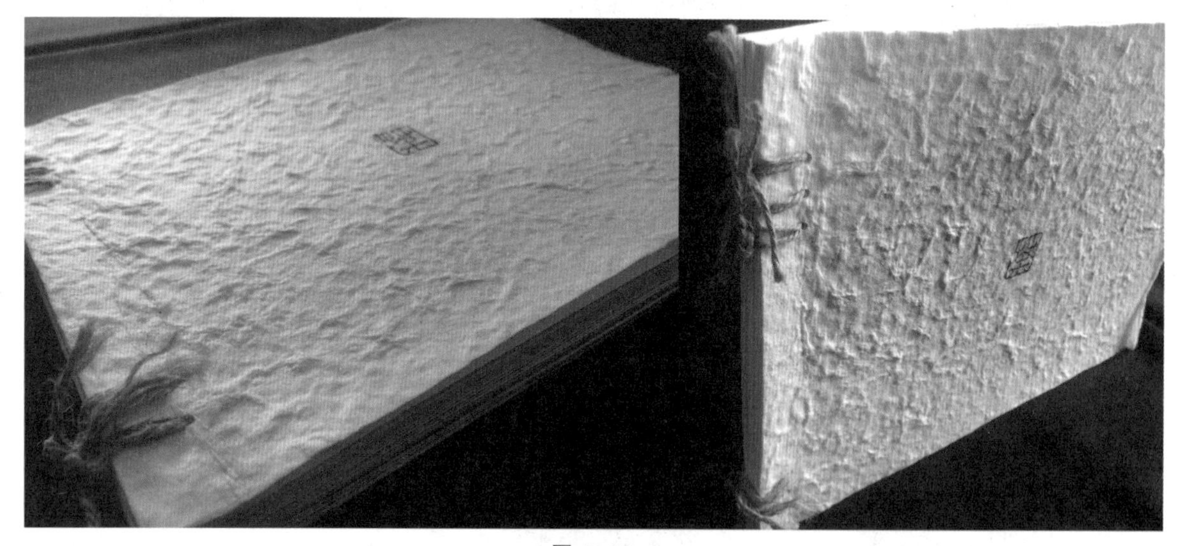

图 4-10

设计师充分挖掘了茶的本质特性，茶香从来不会过于热烈，只会绵绵浸润我们的整个身心，喜欢茶的朋友，也从来没有追求刺激的心态，因此设计师在《茶》的主题设计上追求更加纯美自然的视觉形象，插图轻松文雅，在版面的构成上注重字体的内在气息，构图节奏严谨，挖掘传统元素和现代构成手段的契合点，从版面的构成要素提取文本视觉语意情感基因，如图 4-11 所示。

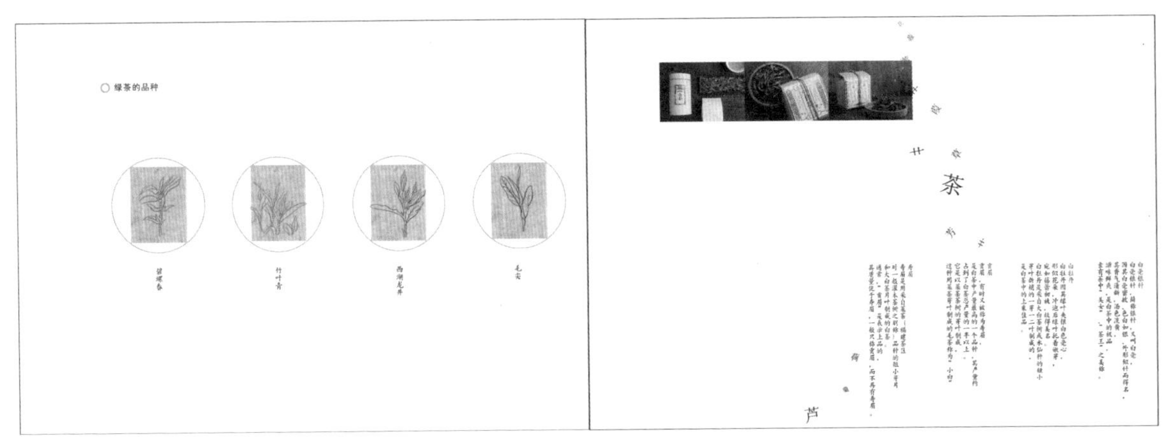

图 4-11

全书的编排结构围绕着主题“茶”的各种概念进行延展表达——茶是良师，教会我们太多的东西。泡茶，不是一件简单的事，从烧水，洗杯到品茶、敬茶，每一个细节都需要耐心认真对待。设计师按照茶与人的关系视角思路，强化以图说话的原理，做了大量的插图，以形散而神不散的结构进行讲述，达到了很好的视觉效果，如图 4-12 和图 4-13 所示。这些插图绘制就是以茶的文化性和茶包含的精神性提取的视觉元素，茶的故事、茶的内敛随着读者的阅读不断深化，达到一种精神的满足。

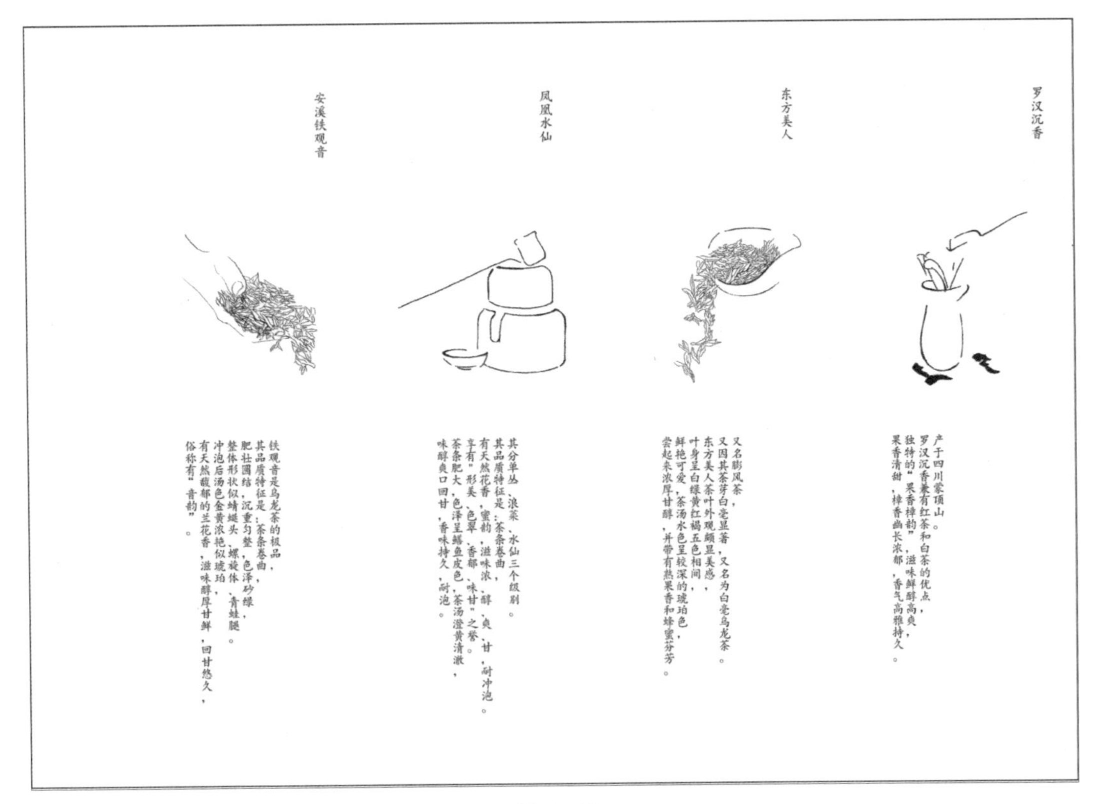

图 4-12

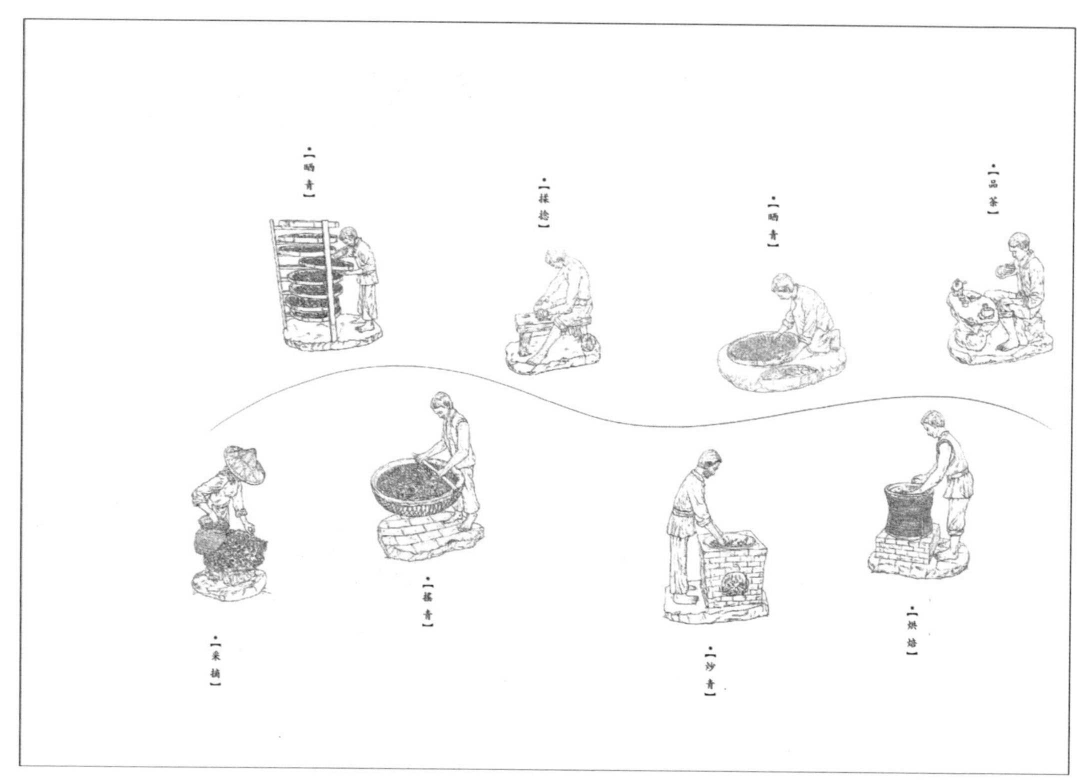

图 4-13

4.2.2 书籍视觉形象的表达

1. 书籍视觉化表达的独特性

书籍创意的独特性是依靠形象的独特性表达出来的，设计上针对特定读者重新组织设计元素，将信息视觉化是设计师的价值体现。视觉化不是简单的装饰化，装饰化更强化美和漂亮，而视觉化是信息的形象转化，因此视觉化更强调图形所承载的信息量，这样视觉化的图形就像是语言，不仅图形美，更便于读者解读。

突破性的设计既要能满足设计需求，又能让客户容易理解。设计师的任务是通过视觉美的形象给读者带来更好的体验，尽管有的书籍视觉化形象表达非常精彩，但如果不能让读者有效理解那便是毫无意义的。下面通过几个案例来解析视觉化信息的重要性。

《神奇动物在哪里》一书的主要内容是讲解中国古典志怪古籍《山海经》中的各种神兽的故事。这些极具神秘感的奇异怪兽，让读者一定程度上了解了古时候的生态环境和古人对一些未知事物的理解和想象。长相奇特的异兽又有各种神奇的传说，表达我国古代神话故事中的人文精神，让大家总是乐此不疲地了解神兽们的故事，也为艺术家提供了无尽的遐想。《神奇动物在哪里》一书的设计师抓住了这些关键的信息点，并将其转化为视觉化的形象，产生了很好的效果。书籍的版面设计，通过资料卡的形式将各种神兽进行精细化讲解，使读者有效地理解每一只神兽与众不同的能力，如图 4-14 所示。

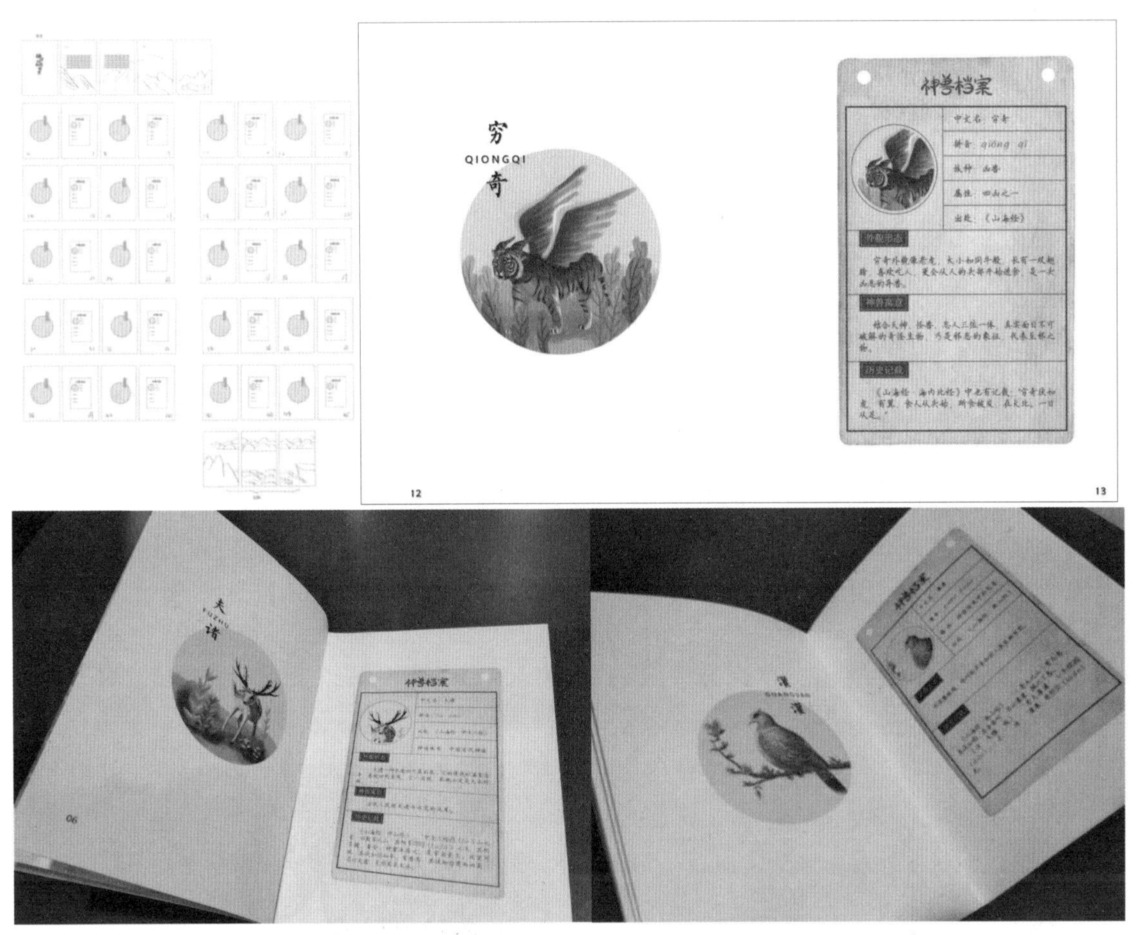

图 4–14

在函套的设计上，设计师应用了中国窗的镂空图形和封面的神兽图形进行呼应，窗这个符号不仅是建筑中的元素，更重要的是窗口是人与外界交流的媒介，窗体现了推开窗了解人类文化智慧的寓意，巧妙而准确地把书籍的核心思想表达清楚，如图 4–15 所示。

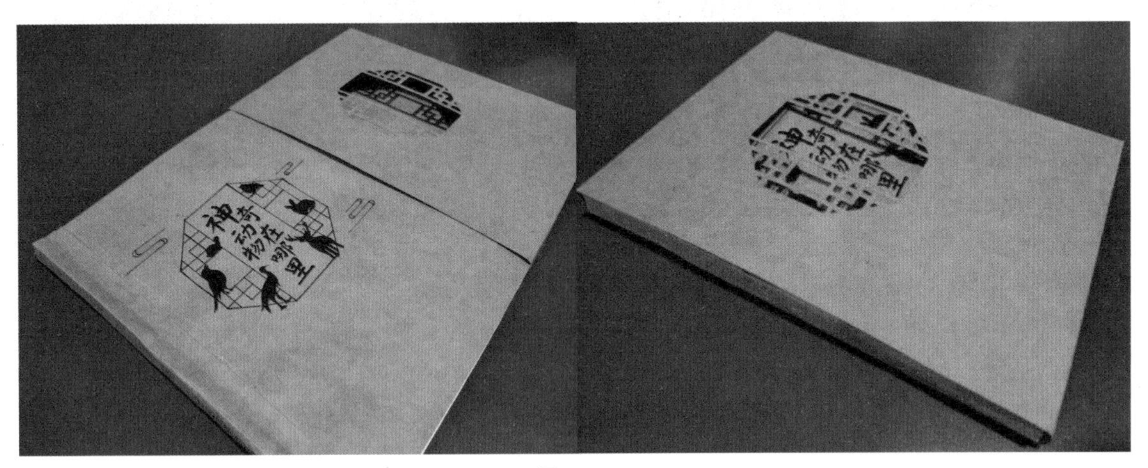

图 4–15

对于相同主题的书籍由于设计师的思维角度或理解信息的视角不同，他们寻找信息的方向就会出现认知偏差。优秀的书籍装帧设计师总是能从司空见惯的信息中提取出更加准确、更有感染力的视觉化符号，将它们融入情感寓意之中，这种视觉化符号更能打动人心，提高书籍的可视性、可读性、可知性，注重信息的条理性和感观性。挖掘那些看似平常、不重要的信息，并有效地将它们转化为视觉化符号，这是非常难能可贵的设计能力。下面我们再介绍一个有效将书籍信息视觉化的案例。

《水浒传》是我国古典四大文学名著之一，书中的故事精彩而深入人心，读者从书中可以感受到人物鲜明的特色、曲折的情节，还可以得到丰富的人生感悟。《水浒传》中包含了太多的人物情节和更深刻的思想内涵，设计师要从这雅俗共赏的作品中提取情理之中、意料之外、独具特色的视觉化符号，需具备非常规的理解力和图形语言的表达力。

《水浒传——人物造像》这本书的两个创意方案的视觉化设计都很精彩，如图 4-16 所示。《水浒传》中把 108 个人物大致划分为三十六天罡星和七十二地煞星，目的是更好地维系管理这些由不同社会阶层来到梁山的人员。因此，《水浒——人物造像》的设计师在书籍的信息分解过程中提取了更准确、更有代表性的符号，从书籍众多表述的信息中发现最能体现人物关系的元素，即“星座”的语言符号，并利用星座的图形符号与水浒的字体进行有效的重构组合。更有想象空间的星座符号和字体形象的结合，形式上虽然没有具体指向某个人，但“星座”这个典型符号更能代表整部《水浒传》中的人物特征，以准确的、有指向性的形象来表达书籍重要的精神内涵。

图 4-16

另一个《水浒传》书籍的创意案例，设计师也是抓住了水浒的精神性符号，在设计上将函套的结构巧妙地与古代押送犯人时的“刑夹”融合，十分准确地将《水浒传》里最本质的一个主题符号提取出来，具有很强的象征意义，如图 4-17 所示。《水浒传》是 108 个人物被逼无奈来到梁山参加起义军的故事，刑夹符号极有代表性，设计师通过它反映当时的社会对人们精神和生活的束缚，刑夹像一条线串联起《水浒传》所有具有代表性人物的关系和情节。这个方案就是利用刑夹符号与函套进行同构，对读者产生打开刑夹来阅读的心理暗示。

图 4–17

2. 书籍视觉化表达的市场性

书籍信息的视觉化表达离不开一定的商业需要，所以了解有关市场背景至为重要。因此，不符合市场要求的设计，实际上也就失去了基本价值。设计者在进行艺术创作前务必了解与书籍有关的信息背景，如书籍外观形态、材质成分、功能效用、档次级别等；与同类书籍相比有何特色，在其实用性、功能性等“硬价值”之外，有何情感性的“软价值”；该书籍的销售面有多大，是否有什么特定销售方向和地区；主要读者对象是什么文化背景，以及近期读者审美需求和流行趋势有哪些变化等。

创意的核心是“市场意识”，市场决定着产品，也决定着产品的宣传方向，因而就很大程度上决定着书籍包装设计的表现方向。设计者如果缺乏决定书籍包装设计的表现方向和“市场意识”，也自然缺乏设计的“方向感”，因而他的设计必然是盲目的。人们对于事物的认识是多维度的，同样主题的表现角度是多方位的。因此，提取书籍的视觉符号形象是由设计师的专业能力决定的。市场需要一种带有指向性的视觉符号，而不是面面俱到没有特定意义的符号。在提取主题形象符号时，一定要考虑与市场的需求相结合，即确定特定的信息点。

下面用设计案例来解析书籍信息视觉化的进程。《佰味》是介绍我国各地美食独特风味的书籍，设计师用简洁的色彩“黑”贯穿全书，用以体现食物的“纯美”，如图 4–18 所示。书中强化插图的视觉美，以黑白图的面来衬托文本的线条，简洁明快、节奏清晰，页面好像流动的长卷，轻轻地走到读者的眼前，如图 4–19 和图 4–20 所示。

图 4–18

图 4–19

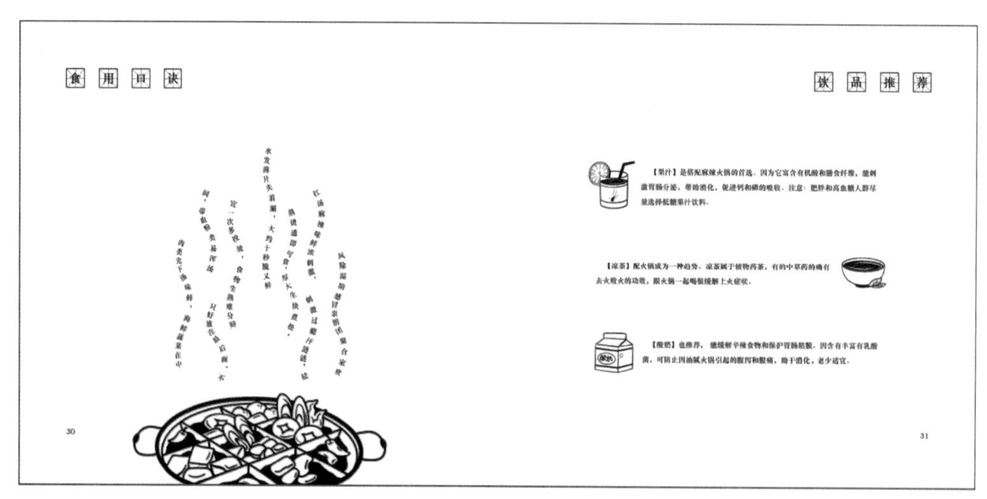

图 4–20

书籍装帧设计是一个系统工程，它融入了太多的艺术和制作技艺，艺术形象不仅只是图形或文本，还包括书籍用纸和印刷制作工艺，现代书籍装帧设计理论也将书籍印刷工艺包含到书籍信息语言符号中。书籍装帧设计是整体性的形象表达，而不可能只局限于图形的语言塑造，书籍的视觉化表达是书籍整体各种信息综合的结果。

4.2.3 书籍形象的典型性表达

在书籍装帧设计过程中，从文本主题信息提取视觉符号是为了更加充分地表达书籍最本质的特性。人的审美判断和表现力是复杂的，设计表现就在于恰当地选择形象和典型地处理形象，而选择恰当的形象又在于根据市场情况选择恰当的信息点，依据信息表现的需要来决定形象，进而加以典型地处理形象及其相互关系。书籍装帧设计中，版面视觉元素的完整性是能够充分展现创意的关键，视觉符号的纯化是非常重要的表达手段，书籍信息符号的完整性和视觉图形的纯化能更好地让读者理解书籍的重心和主题。

《汉赋》是汉朝涌现出的一种有韵的散文，它的特点是散韵结合，从赋的内容上说，侧重“体物写志”。赋是汉代最流行的文体，在两汉 400 多年间，一般文人多致力于这种文体的写作，后世往往把它看成是汉代文学的代表。设计师从文化角度提取出最具汉朝特色的符号“汉画像石”为图书的视觉形象代言，如图 4-21 所示。“汉画像石”这一元素贯穿书籍的每个页面，画像透露出浓郁的历史感，它朴素却不单调，粗犷却不鄙野，浑厚却不凝滞，豪放却不疏散，使《汉赋》具有强烈的符号性，如图 4-22 ～图 4-25 所示。

图 4-21

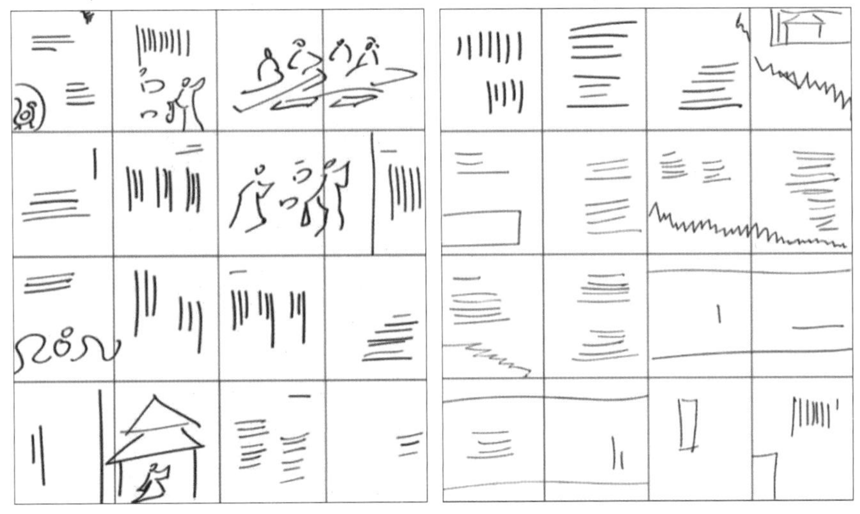

图 4-22

图 4–23

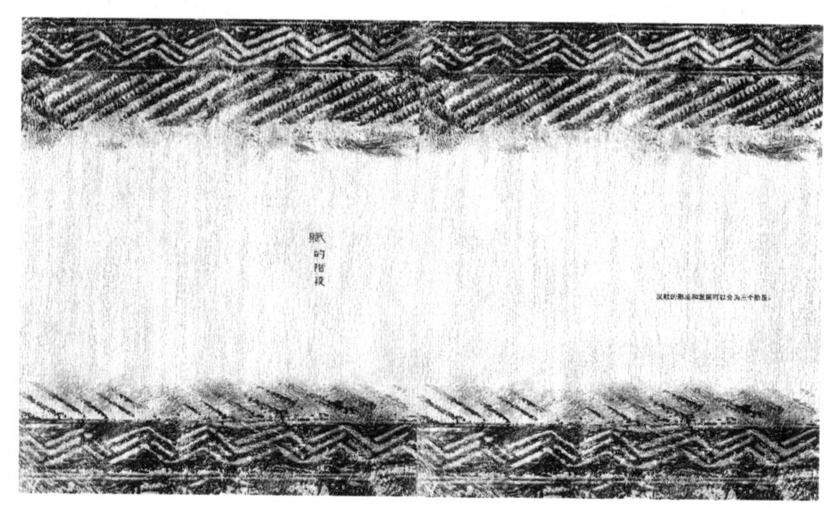

图 4–24

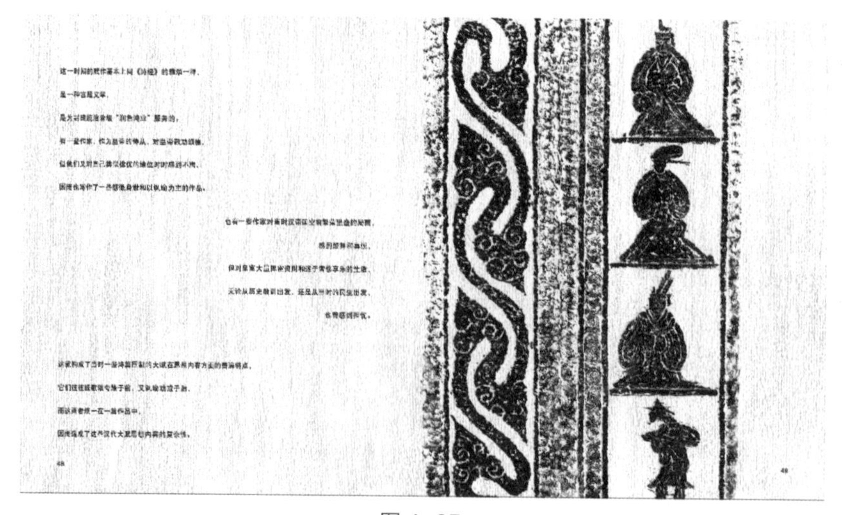

图 4–25

《20 世纪美国最佳演说精选》一书的设计师，通过对字体的图形表达更加完整地凸显书籍的主题思想和节奏变化，通过两个函套结构展现书籍的逻辑性思想内涵，也表现出演说过程中重要的精神核心，如图 4-26 所示。书籍装帧设计中的形象表达要有针对性，形象要简练，虽然主题内容是“演说”，但能表达演说的视觉语言较为虚化，没有具体形象可塑造。因此，在书籍的形象提取过程中，设计师将演讲时心潮澎湃的状态运用线条表现出来，起到“此时无声胜有声”的作用。

图 4-26

4.2.4　视觉形象的面积与位置

视觉形象的空间面积和位置是指视觉的美学维度，它可以衡量我们是否喜欢这个形象，或这个视觉形象能给我们带来怎样的信息和快感。

视觉形象的面积与位置因素是设计表现中不能忽略的一个因素，即页面中要重点突出的形象要给较大的面积和显要的位置。视觉形象的面积和位置是相辅相成的关系，形象所占的面积越大，它在同等页面变换的位置越有限，那它在读者心中的位置就越重要；而视觉形象在版面占用空间越小，它的变换位置越灵活，但在读者心中的位置越次要。

艺术形象的面积和位置关系受页面背景空间制约，恰当有效的版面形象可使视觉形象的清晰度成倍提高，所以拥有合适的背景空间能够更加突出视觉形象。视觉形象包含实的形象和虚的形象，在版面中的面积包含实的形象所占版面空间的面积和虚的空白形象所占空间的面积。在现实世界视觉形象的设置上，人们的视觉只会关注有形的、实的形象的空间面积，且忽视虚的空白空间的存在。因此，对版面虚的空白空间的应用，可能会造成版面过于混乱，使读者在面对毫无章法的空间时不能顺利、舒适、轻松、有效地获得信息。

下面的设计案例，是设计师在艺术设计过程中对版面的空间进行认真分析研究而完成的。《倾国倾城》的页面空间将字体和插图有秩序地进行调理布局，疏密有度，版面信息的节奏合理，视觉舒适，巧妙地通过空间面积和信息元素所处位置将书籍主题内涵进行展现，如图 4-27 ～图 4-30 所示。书籍的文本信息与书籍结构语境的一致，使读者在翻阅书籍过程中体会到知觉满足。

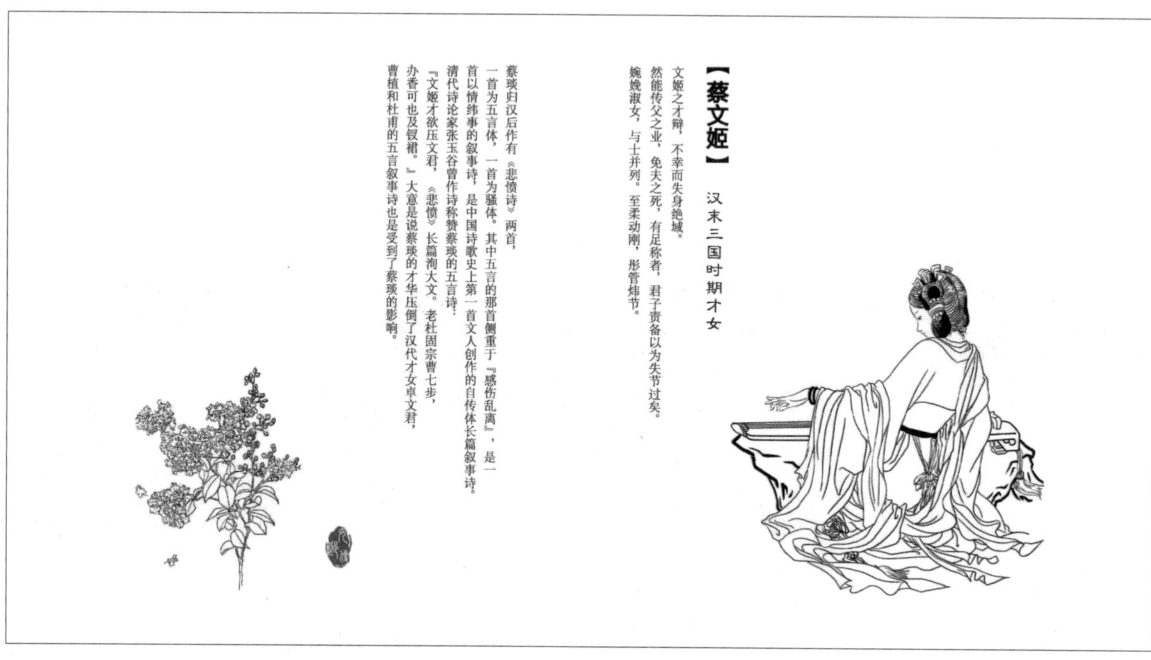
【蔡文姬】
汉末三国时期才女
文姬之才辩，不幸而失身绝域。
然能传父之业，免夫之死，有足称者，君子责备以为失节过矣。
婉娩淑女，与士并列。至柔动刚，彤管炜节。
蔡琰归汉后作有《悲愤诗》两首，
一首为五言体，一首为骚体。其中五言的那首侧重于『感伤乱离』，是一
首以情纬事的叙事诗，是中国诗歌史上第一首文人创作的自传体长篇叙事诗。
清代诗论家张玉谷曾作诗称赞蔡琰的五言诗：
『文姬才欲压文君，《悲愤》长篇洵大文。老杜固宗曹七步，
办香可也及钗裙。』大意是说蔡琰的才华压倒了汉代才女卓文君，
曹植和杜甫的五言叙事诗也是受到了蔡琰的影响。

图 4-27

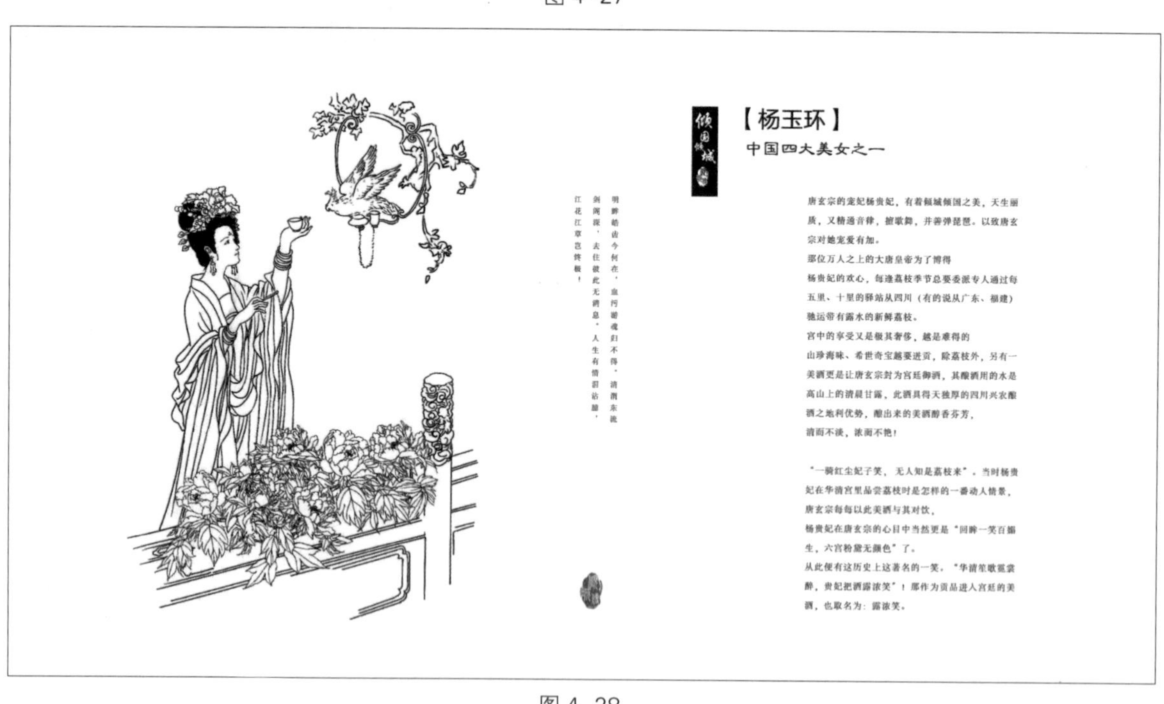
倾国倾城
【杨玉环】
中国四大美女之一
唐玄宗的宠妃杨贵妃，有着倾城倾国之美，天生丽
质，又精通音律，擅歌舞，并善弹琵琶。以致唐玄
宗对她宠爱有加。
那位万人之上的大唐皇帝为了博得
杨贵妃的欢心，每逢荔枝季节总要委派专人通过每
五里、十里的驿站从四川（有的说从广东、福建）
驰运带有露水的新鲜荔枝。
宫中的享受又是极其奢侈，越是难得的
山珍海味、希世奇宝越要进贡，除荔枝外，另有一
美酒更是让唐玄宗封为宫廷御酒，其酿酒用的水是
高山上的清晨甘露，此酒具得天独厚的四川兴农酿
酒之地利优势，酿出来的美酒醇香芬芳，
清而不淡，浓而不艳！
“一骑红尘妃子笑，无人知是荔枝来”。当时杨贵
妃在华清宫里品尝荔枝时是怎样的一番动人情景，
唐玄宗每每以此美酒与其对饮，
杨贵妃在唐玄宗的心目中当然更是“回眸一笑百媚
生，六宫粉黛无颜色”了。
从此便有这历史上这著名的一笑，“华清笙歌霓裳
醉，贵妃把酒露浓笑”！那作为贡品进入宫廷的美
酒，也取名为：露浓笑。
明眸皓齿今何在，血污游魂归不得，清渭东流
剑阁深，去住彼此无消息，人生有情泪沾臆，
江花江草岂终极！

图 4-28

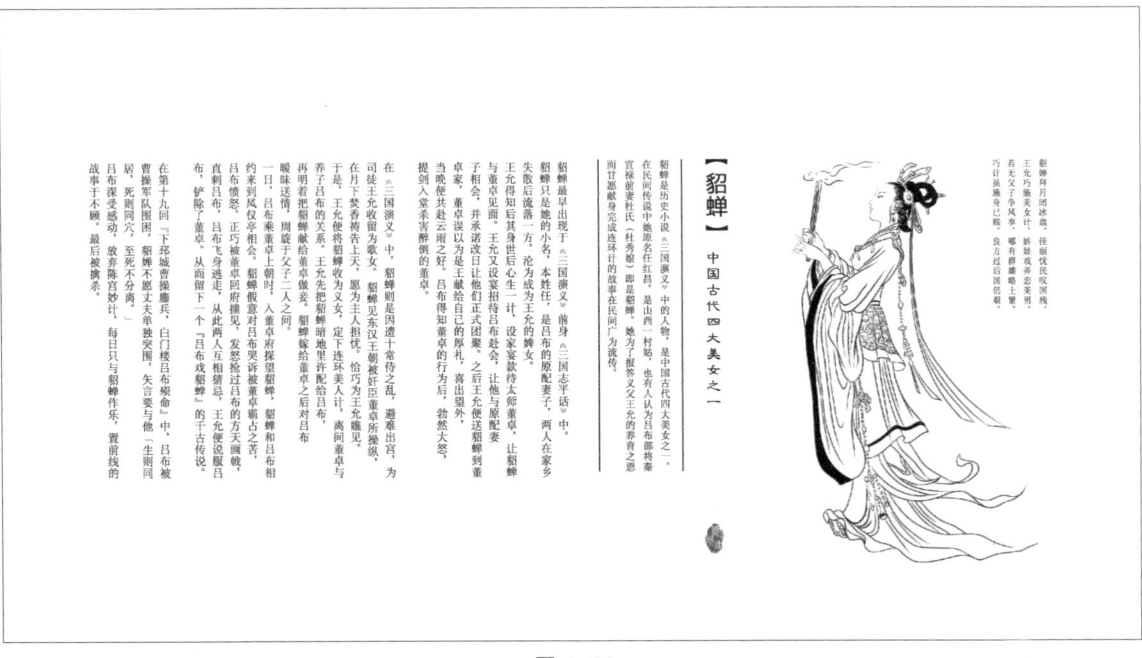

貂蝉拜月闭冰盘，佳丽忧民叹国残。
王允巧施美女计，娇娃戏弄恋美男。
若无父子争风事，哪有群雄略土繁。
巧计虽施身已贱，良方过后国仍艰。

【貂蝉】

中国古代四大美女之一

貂蝉是历史小说《三国演义》中的人物，是中国古代四大美女之一。在民间传说中她原名任红昌，是山西一村姑，也有人认为吕布部将秦宜禄前妻杜氏（杜秀娘）即是貂蝉。她为了报答义父王允的养育之恩而甘愿献身完成连环计的故事在民间广为流传。

貂蝉最早出现于《三国演义》前身《三国志平话》中。貂蝉只是她的小名，本姓任，是吕布的原配妻子，两人在家乡失散后流落一方，沦为成为王允的婢女。王允得知后其身世后心生一计，设家宴款待太师董卓，让貂蝉与董卓见面。王允又设宴招待吕布赴会，让他与原配妻子相会，并承诺改日让他们正式团聚。之后王允便送貂蝉到董卓家，董卓误以为是王献给自己的厚礼，喜出望外，当晚便共赴云雨之好。吕布得知董卓的行为后，勃然大怒，提剑入堂杀害醉倒的董卓。

在《三国演义》中，貂蝉则是因遭十常侍之乱，避难出宫，为司徒王允收留为歌女。貂蝉见东汉王朝被奸臣董卓所操纵，在月下焚香祷告上天，愿为主人担忧。恰巧为王允瞧见。于是，王允便将貂蝉收为义女，定下连环美人计，离间董卓与养子吕布的关系。王允先把貂蝉暗地里许配给吕布，再明着把貂蝉献给董卓做妾。貂蝉嫁给董卓之后对吕布暧昧送情，周旋于父子二人之间。一日，吕布乘董卓上朝时，入董卓府探望貂蝉，貂蝉和吕布相约来到凤仪亭相会。貂蝉假意对吕布哭诉被董卓霸占之苦，吕布愤怒。正巧被董卓回府撞见，发怒抢过吕布的方天画戟，直刺吕布，吕布飞身逃走，从此两人互相猜忌，王允便说服吕布，铲除了董卓。从而留下一个『吕布戏貂蝉』的千古传说。

在第十九回『下邳城曹操鏖兵，白门楼吕布殒命』中，吕布被曹操军队围困，貂蝉不愿丈夫单独突围，矢言要与他「生则同居，死则同穴，至死不分离。」吕布深受感动，放弃陈宫妙计，每日只与貂蝉作乐，置前线的战事于不顾。最后被擒杀。

图 4–29

【苏蕙】

苏蕙，字若兰，魏晋三大才女之一，回文诗之集大成者，传世之作仅一幅用不同颜色丝线绣制的织锦《璇玑图》。

武功苏坊有一少女，名蕙字若兰，是陈留县令苏道质的三女儿。苏蕙从小天资聪慧，三岁学写字，五岁学读诗，七岁学作画，九岁学刺绣，十二岁学织锦。及笄之年，出落成姿容美艳的书香闺秀，提亲的人络绎不绝，但所言皆属庸碌之辈，无一被苏蕙看上。苏蕙十六岁那年，跟随父亲游览周原名刹阿育王寺，在寺西池畔看到有位英俊少年仰身搭弓射箭，弦响箭出，飞鸟应声落地；俯身射水，水面飘出带矢游鱼，真是箭不虚发。池岸有一出鞘宝剑，寒光闪亮，压着几卷经书。若兰顿生仰慕之情，攀谈中知此一少年即是窦滔。双方父母作主窦滔与苏蕙，遂于前秦建元十四年（374）结为夫妻。

用一腔幽情创制的“璇玑图”真能称得上千古之绝唱，享誉古今。虽说当时南方因天时地利，才子才女多如过江之鲫，然而北国仅以一个才貌俱佳的苏若兰，就足以使他们黯然失色，真可谓是月明中天，群星失灿。

图 4–30

作为设计师，我们要有一种意识，页面就好像舞台，文本是演员，照片插图是道具，版面中的每个部分都是构成版面信息形象美的重要元素。

4.2.5 艺术形象的衬托与对比

书籍装帧设计艺术形象的表达不仅需要艺术符号本身，还需要版面其他艺术形象的衬托和对比才得以实现。对艺术的主体形象来说，背景的作用不论是进行衬托还是对比，或是作为丰富页面的装饰符号，都是在第二层次上对主体形象的辅助。很多页面图形（包括字体形象）并没有具体的背景，甚至是空白的（实际上，这种空白也是一种背景形式）。

页面背景处在一定的空间之中，衬托与对比的区别在于“顺”与“逆”，两者都是在所要表现的对象之外做文章，使这一对象的表现更丰满、更鲜明或者更强烈。对于读者来讲，认识一种对象的特征，衬托和对比的处理方法是良好的“催化剂”。

书籍《天》的版面处理上，有很多地方使用衬托和对比的技法，如黑白插图的应用，设计师就是采用对比的表现技法，整本书的外在视觉形象运用黑白的对比关系，黑白是从传统太极文化中提炼的最重要的色彩语言，表现书籍主题思想及精神内涵，如图 4-31 所示。《天》的封面引用黑底白字，书籍封面的书名“天”字和图相融合，体现人一天生活的轨迹。色彩黑底反白字构成封面层次变化，当翻动黑底的封面时和内页形成强烈的反差，版面中的形象与字体形成深与浅、动与静的对比及衬托关系，如图 4-32 所示。

图 4-31

图 4-32

在衬托的使用上，设计师可以运用字体的严谨性编排来衬托插图的生动性，视觉信息语言自然生动、浑然天成，如图 4-33 ～图 4-35 所示。通过插图的形象来衬托字体形成的结构，有很强的设计意识。

图 4-33

图 4-34

图 4-35

书籍中的空间是由组成版面的视觉元素构成，版面形象的造型、疏密、大小、深浅等，无一不影响版面的空间层次，设计师要对版面形象进行选择性地归纳整合，要根据版面大小和信息元素多少来设定空间占比，用形象的语言表达了版面中文本和插图在版面空白的关系比值，有效地表达出版面元素的层次关系。

4.3 书籍装帧设计的形态表现

4.3.1 书籍的形态构成

书籍艺术的视觉形象信息认知角度是多方面的，书籍装帧设计主题的表现角度是多方位的，市场的竞争需要我们制作出一种具有方向性的表现角度的视觉图形符号，它不一定是全方位的，但一定要符合书籍主题的思想境界，信息表现要注意与市场竞争环境相结合。书籍装帧设计师将具有指向性的空间体态信息符号进行重构组合，依靠书籍主题的需要和自身的内在结构形态进行表达，使读者通过对书籍的空间形态结构语言进行解读，从中获取书籍的意义和精神内涵的信息，这就是书籍装帧设计的信息表现流程。这个信息表现流程的重要性在于，它决定了设计师对于书籍装帧设计课题采用何种方式来思考。

设计师对书籍进行有效的信息归纳，是对书籍内容本身的文化特征和读者的审美趣味进行研究的结果，根据掌握的信息来对书籍进行有目的、有计划地策划定位。这里大体包括对书籍开本的选择、书籍内文版式编排的风格样式、封面形象的选择和对这个形象如何进行艺术处理和加工，还有对书籍的纸张材料、印刷方式及装订方法进行确定。

书籍《春》的设计是通过“鸟”将整套书的主题意境串联在一起，以“鸟”的视角来讲述人与自然和谐相处的关系。整套书的外在结构应用木头材料，以木头做成的鸟笼形象表现自然界中人与鸟微妙的关系，如图 4-36 所示。这个设计是在暗示人不要为自身的利益而将鸟放入笼中，自然界中的鸟才更自在、更美好、更有生命力。

图 4-36

书籍的形态主要是指外在结构造型，它受到书籍的开型大小制约，更重要的是受书籍的材料用纸、厚度及展开形式的影响。《银河系漫游指南》强调图文语言视觉美的优势，设计师通过字体和图形的关系，不断强化视觉设计语言的独特内涵，如图 4-37 所示。通过选用木板、纸浆板、亚克力板和砧板，以及特种纸等材料，书籍的展开形式参考传统的“梵夹装”结构，在制作上运用电脑雕刻、丝网印刷等，这些创意手段极大丰富了书籍装帧设计的体态结构。

图 4-37

书籍《戏剧人生》也充分地利用艺术形象的感染力来挖掘书籍装帧设计内涵，在形象的提取上有其独到的见解。设计师通过戏剧面具的象征性语言来表达现实生活中人性的各种面具，以戏剧面具来暗示人生的喜怒哀乐，如图 4-38 所示。

图 4-38

我们以往看到的书是一种展开的平面，从造型上没有独特的符号性特征，也就是书籍展开时的形象缺少与读者的沟通。在《纸的动物园》一书中，设计师将折纸的元素巧妙应用到书籍形态之中，将各种动物的形象用折纸巧妙地表达出来，并将翅膀加到折扣的位置，更强化了书籍符号的表现力，如图 4-39 所示。

图 4-39

书籍的制作需要设计者和出版者根据读者的素质、品味和年龄及书籍的内容档次来定位设计风格，激烈的市场竞争不但推动了生产与消费的发展，同时不可避免地推动了书籍营销的更新，其中书籍装帧设计当然被放在重要的位置上。应当说，这就是近些年在书籍装帧设计中表现形式越来越具有开拓性和目标性的原因。

4.3.2 书籍中空间的重要性

书籍是由印刷纸张组成的可翻阅的空间体，书籍的艺术表达很大一方面体现在对空间美和对材料美的理解。建筑大师贝聿铭说：“空间与形式的关系，是建筑艺术和建筑科学的本质。”书籍装帧设计也具有同样的特性，透过书籍的设计形式呈现出抽象的空间内涵，在开放式翻阅格局中展现书籍空间本质面貌。从书籍体态构成引入不同的材料，用版面的节奏关系强化文本形式的沟通能力，可增强书籍整体的视觉感受与层次律动。

书籍的设计制作首先应考虑读者的阅读习惯及书籍的思想境界并与之融合。书籍视觉形象的塑造表达，其目的是更好地挖掘书籍主题内涵，解决视觉空间材料和结构的协调问题，它是设计师利用一切信息元素来展现书籍的故事和活力，通过对材料的选择解决书籍结构的压迫感，以达到视感的温馨效果。

《绣花》一书的装帧设计，是将书籍的主题内容通过插画语言形式进行表达，并依靠背景镂空及纸的材质营造出空间感的体态结构，作品的创意点不仅停留在每一页面的形象表达，更加强调书籍的结构和体态的每个环节。该设计采用形态纵深的视觉语言的造型特点，强化书籍的体态结构设计，以及以象征绣花质地的页面构成新颖的书籍形态，如图 4-40 所示。

图 4-40

书籍装帧设计师利用页面与页面之间的关系，让版面空间进行一场无垠的流动。在书籍结构中，设计师从我国传统书籍的结构基因要素与现代的语言构成中提取灵感，利用传统结构将书籍的文化感与要承载的主题巧妙融为一体，使读者在翻阅书籍过程中能够深刻感受到书籍版面结构的层次与趣味，如图 4-41。设计师挖掘书籍最本质的主题元素，结合剪刻的手段将视觉形象赋予立体的状态，使书籍主题形象更鲜明，多页绣花图样的透叠构成了书籍的形象要点。

图 4-41

空间感是视觉在版面中感受到的版面深度，它不是物理学讲的实际深度，而是由字体的大小、粗细、图片的色彩深浅等信息所构成的综合感受，这种空间层次能够给读者带来轻松、自由、愉悦的阅读体验。在书籍的装帧设计中，版面空间背景是由版心决定的，页面的形象边缘决定视觉元素的生命力。空间背景与背景不同，因为空间背景并不暗示前后关系，空白空间的运用及各视觉要素在空白空间的位置都必须清楚可见。空白空间太少会导致页面过于拥挤，而空白空间过多，又会使页面或对开页看上去不完整，好像某些要素从页面上消失了一样。通过视觉标注将版面视觉元素进行有节奏地划分，并利用空白空间将信息进行有节奏地规划，可以使版面信息层次清晰且有强烈的视觉冲击感。

《吾食》的书籍装帧设计为一个卷轴的形态，卷轴的空间与展开的页面之间有较多的留白，形成了视觉上的反差，每当展开卷轴都能留给读者足够的想象空间，如图 4-42 所示。

图 4-42

第 5 章　书籍装帧设计各部分要求

本章概述：

本章结合实践案例，介绍书籍装帧设计各环节中有关字体、编排及视觉形象的艺术表现原则和规范。

教学目标：

理解书籍装帧设计各环节之间的节奏关系。

本章要点：

理解书籍装帧设计中视觉信息元素的表达和应用。

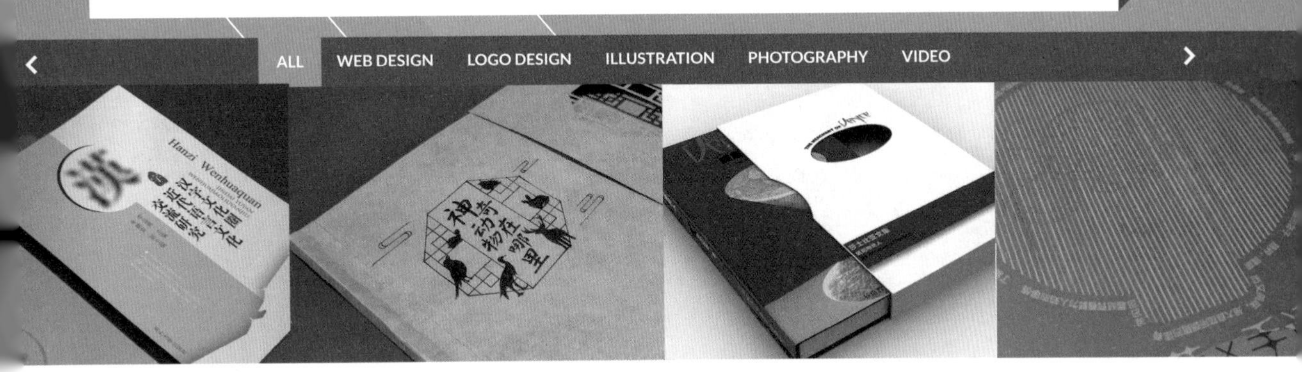

5.1　书籍装帧设计封面要求

5.1.1　护封设计

书籍的护封是书籍最外面的部位，也是书籍直面读者的窗口，其主要功能是保护书籍封面，还具有宣传书籍的作用。护封的组成结构包含封面、书脊、封底、前勒口、后勒口等，因而它的开型空间比封面要大很多。护封的勒口也叫折口，前折口主要放置作者的简介，后折口主要放系列书籍的名称或内容提示；护封的封底主要放置条码与定价；护封的飘口用来包裹精装书籍的硬封面，具有保护封面和宣传书籍的功能。

护封的设计创意一定不要孤立，应采取与书籍的整体创意相协调的设计方案，用形象传达书籍的主题是重心。护封设计的基本要素有字体、图形形象、色彩、编排等。

标题文本是护封设计的最重要的组成元素，可选用适合书籍内涵的个性化字体，字体不仅从字面上帮助读者理解书籍内容，还能在形象上挖掘能表达书籍内容的精神气质。设计师要利用字体的大小、粗细、动静、位置等，强化字体所占用的空间面积、排列方式及色彩的象征性表达，挖掘字体形象魅力，利用字体进行创意以发挥设计语言的优势，展现书籍的精神内涵。

书籍装帧设计是对视觉元素的提炼、归纳和表达，护封的版面应注重形象的关联节奏，如字距与行距的关系、字体与作者的照片是否谐调完整等。设计师要根据书籍的主题风格确定护封的形象面貌，在设计上应注重视觉语言的感染力，设计应更加明快，色彩更加亮丽，版面布局更为合理。

《首饰雕蜡工艺》这本书介绍了首饰的设计与制作工艺。设计师通过“雕蜡工具”元素作为书籍设计的核心形象，通过对文字的编排，加强版面的层次和节奏感，书籍整体色调协调而统一，体现强烈的时代感。整套书的标志形象设计，是将“钻石”和“首饰”的拼音字头 S 结合，以正负形的图形语言结构予以塑造。这本书的护封设计，表达了中国现当代艺术设计类教材设计的新理念和新思路，突出了中国传统工艺美术元素文雅内敛的意境，如图 5-1 所示。

图 5-1

《中国古代建筑》是一本介绍中国传统古建筑的书籍，内容围绕古建筑的艺术风格、特点、形式、演变等。在护封的设计上，设计师选择古建筑的房角，一个向上撬动的姿态，视觉元素虽是写实的，但画面的色调表达出的是我国古建筑经历的风风雨雨和曾经的辉煌，如图 5-2 所示。

图 5-2

象征性是书籍创意最重要的思维路径，象征语言的运用要比写实的手段更含蓄，更有想象力，更能打动读者的心，也更有艺术感染力。在《中朝三千年诗歌交流考论》的护封中，设计师有意将写意的符号应用到创意中，将水墨与山水形象融合成共生图形，以此图形作为书籍的重要符号，再将书法体和装饰云纹与水墨山水图形相呼应，使版面层次清晰、节奏感强，如图 5-3。

图 5-3

护封是书籍装帧设计中最具有艺术表现力和感染力的部分，好的护封设计能更清楚地反映时代的气息和设计师独特的个性风格与特色。为了使护封达到更有效的宣传目的，催生了很多新材料、新技术和新工艺，为书籍装帧设计的创新提供了非常有利的条件。

5.1.2 封面设计

封面是书籍的外在形象，是对书籍装订书芯的外封面的总称，功能是宣传书籍、美化书籍和保护书籍。书籍的封面和护封一样包含封面、书脊、封底，但没有折口。从书籍的设计构思来看，封面设计的构思方式方法和护封基本一致，都是运用视觉元素来表达书籍的主题。书籍的封面要具有书名、作者名、出版者等信息。

要表达书籍的主题思想，封面上除了要有形象，还要以象征性的语言为核心。《汉字文化圈近代语言文化交流研究》的封面，应用了故宫的剪影图形，以故宫元素象征汉文化核心地位，整个作品是以象征符号作为创意主线，使读者从中感悟现代书籍装帧设计的艺术本质，如图 5-4 所示。

《瓦当》的封面引用阴阳太极的结构，书籍封面的瓦当两字通过对比的技法（一个是黑底反白字，另一个是白底黑色文字），反差强烈而又变化生动。整本书体现了中国传统文化特征，使建筑信息元素更加内敛地展现出来，版面中的形象与字体形成深与浅、动与静的对比及衬托关系，如图 5-5 所示。

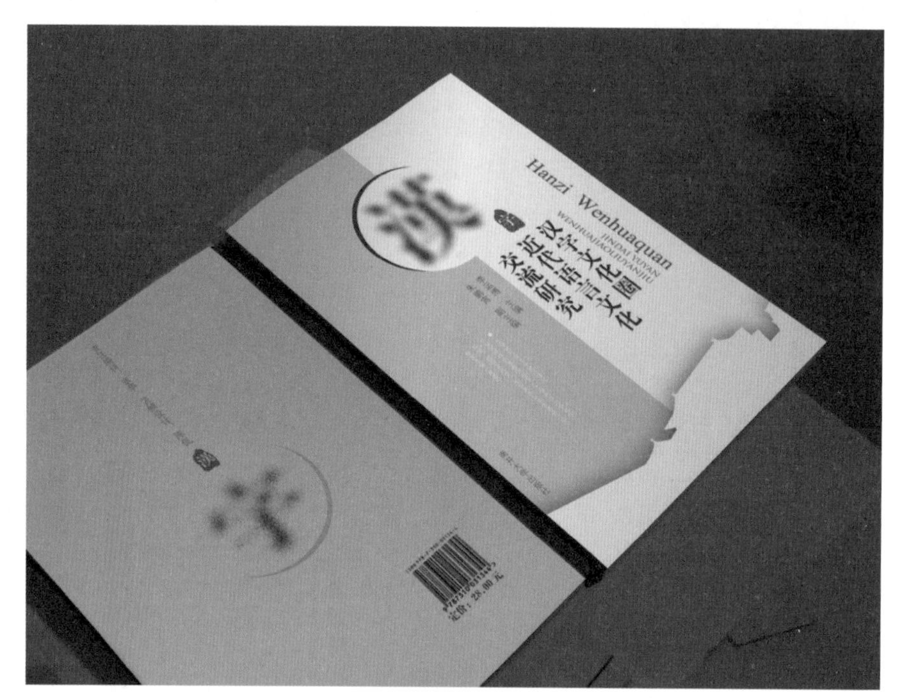

图 5-4

图 5-5

书籍的封面大体分为两种类型，一种是平装普通书籍封面，还有一种是精装书籍封面。平装书籍封面的设计、印刷与护封基本一致；而精装书籍的封面设计包含硬装书籍、软装书籍两种形式。硬装封面设计是将纸张、丝绸等材料装裱在硬纸板上，对装裱好的封面上的文字或图形进行烫金等压凹工艺，适合开型较大或重要内容的书籍，如大型画册或大型工具书。软装书籍封面采用有韧性的材料，如白卡纸、牛皮纸等，携带方便，适合文艺类书籍。

5.1.3 封底设计

书籍封底是对应书籍封面而形成的平面空间，它和封面、书脊共同构成封面设计的整体，封底的设计虽不像封面和书脊在书籍整体设计中占据那么重要的分量，但它有其独特的功能和作用。20 世纪 80 年代以前，书籍装帧设计中很少有设计师关注封底的设计，70 年代的书籍封底都采用空白或铺一个底色的做法，这是由于当时我国经济发展水平偏低所致，人们的购买能力不高，出版社为了降低书籍的出版成本，采用尽可能少的版面制作工艺。随着印刷技术的成熟，制版和印刷技术更新进步，印刷成本大幅下降，加之书籍出版市场的竞争越来越激烈，书籍之间的竞争由原来的内容写作质量的高低，转换为整体形象的竞争，因此书籍的整体形象和视觉形象越来越受到重视，书籍自身的展示功能得到深入挖掘。书籍的封面设计由以往只是对封面这个有限的空间进行形象表达，扩展到对书籍的整体进行设计，这其中就包括封底设计，使书籍的形象面貌更加立体全面。

优秀的书籍装帧设计，会充分利用书籍的封底进行创意。在《佰味》这本书的封面设计中，设计师将封底的火锅插画形象与封面的火锅剪影呼应，表达了本书是以“火锅”为主题内容的书籍，通过封底和封面的关联性体现了“美味”的创意内涵，如图 5-6 所示。

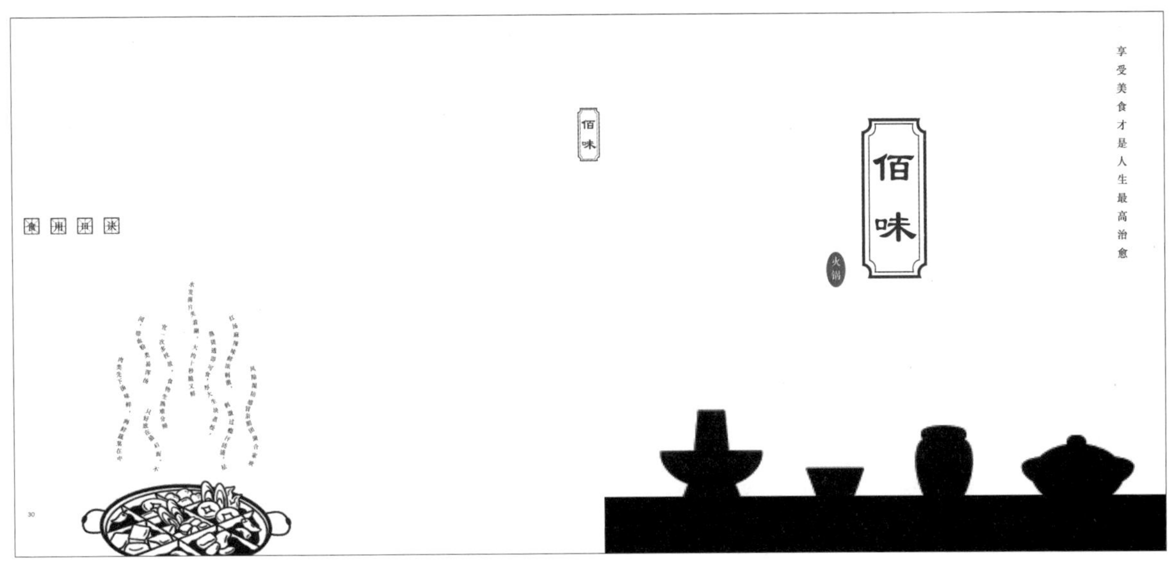

图 5-6

此外，许多书的封面设计中会在封底展示更多书籍相关信息。《印花面料设计》一书封底的设计内容包括丛书系列书籍名称介绍，责任编辑、书籍装帧设计者的署名，以及条形码、定价等，如图 5-7 所示。

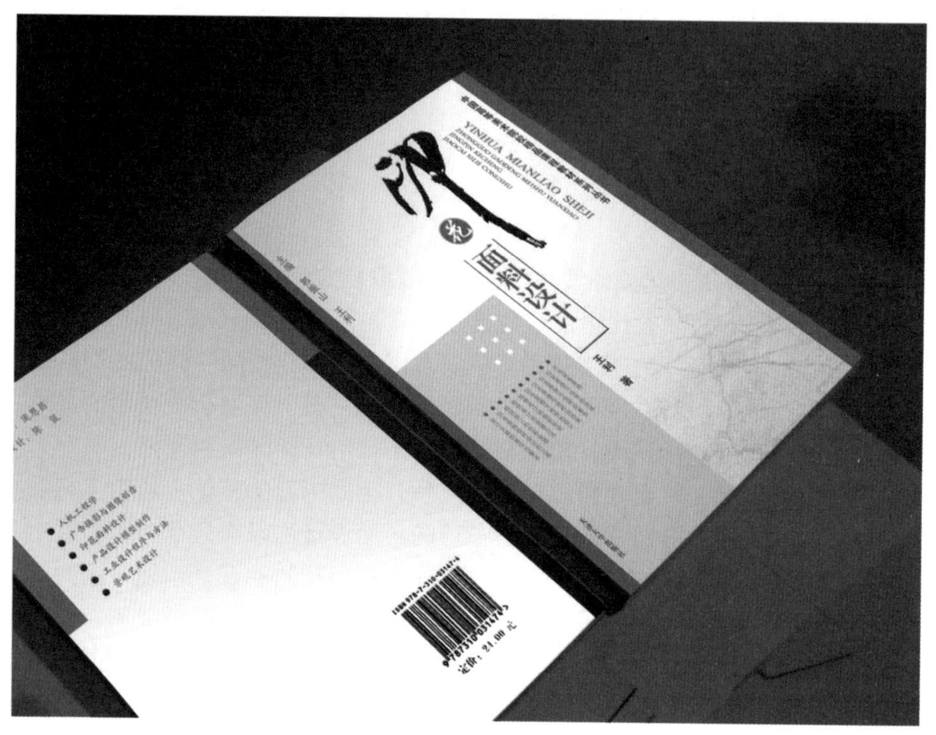

图 5-7

5.1.4　书脊设计

书脊是书籍构成元素中最重要元素之一，它是书籍封面之外第二个引人关注的并能与读者进行交流的部位。书脊处于封面与封底之间的位置，也是书的背部，所以又叫脊封或封背。当书籍直立放进书柜时，封面和封底都被其他书籍遮挡，读者只能看到书脊，书籍和读者进行初次视觉交流、传递信息的任务就依靠于书脊。因此，书脊设计的成败关系到是否可根据自身形象语言与读者进行具有指向性的对话。

书脊的大小是由书籍页码的多少决定的，页码太薄时多用骑马订，这样的书脊没有设计空间，书脊在 7mm 以上时要印上书名、作者名和出版社名。书脊上的文字一般为竖排，也可根据书的内容而定。

某些情况下，可根据书籍装帧设计的需要，在书脊空间比较大的条件下加入有趣的创意，形象和色彩设计取决于书籍整体风格的基调。《别让医生杀了你》这本书是讲述当今医患之间在医疗过程中的理解与信任关系，设计师将象征救助的红十字符号放在最醒目的书脊位置，如图 5-8 所示。书脊是整本书的关节点，将红十字放在此处表达医患之间应站在对方的角度来理解治疗过程中的问题。

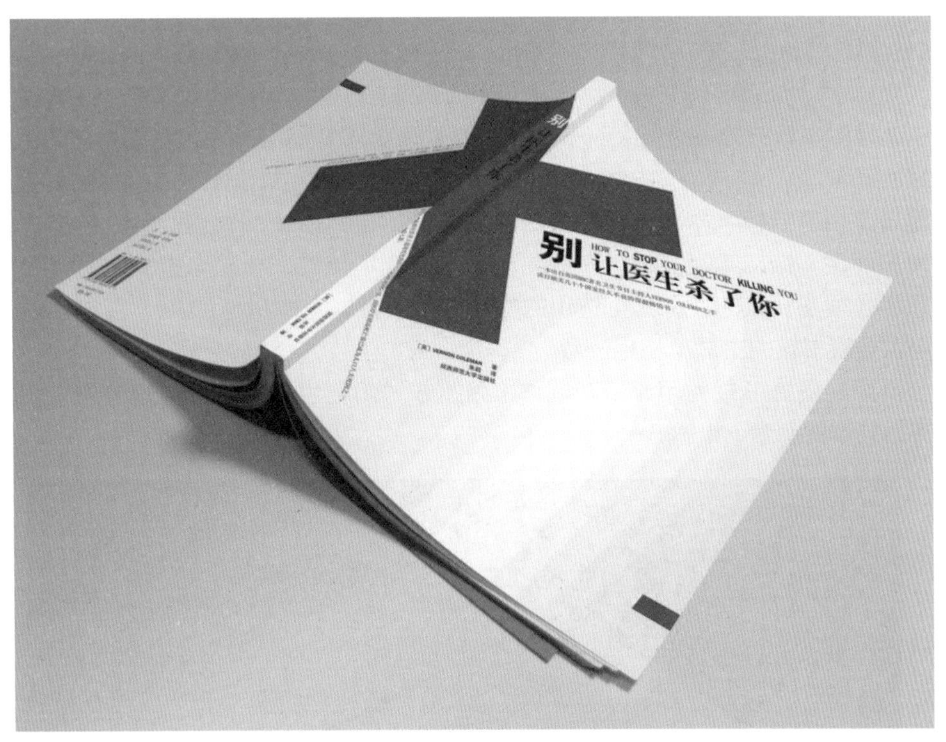

图 5-8

书籍装帧设计应把书脊作为重点部分进行构思，尤其是书脊上的文字或图形极其重要，其创意是设计的核心之一。《白鲸》一书的设计，利用了书脊的厚度将“鲸”的形象进行了分解处理，巧妙地暗示书籍内文的核心思想，利用错位的符号表达的内涵深刻而又准确，如图 5-9 所示。这种创意的表现手法，是以视觉形象的不完整，隐喻书中主人公的种种不如意。

图 5-9

5.1.5 函套设计

函套设计是对书籍的外表进行装饰美化，使之外表美观并能准确地传达书中信息，维护价值，使它能更好地销售。

书籍函套是用厚纸板、木头、塑料等材料制作的，存储书籍的书函。函套的样式、风格随书的大小和厚度而定，结构丰富多样，有简易的，也有豪华精致、朴实厚重的，函套的造型与书籍的形态和风格必须是一致的。函套可选用的材料非常丰富，有木材、PVC、亚麻、绢料等，这些材料的选用也要跟书籍的主题风格相一致。

市场上常用的函套形式为用厚纸板制作（见图 5-10），也有用布面装裱制作（见图 5-11），还有用亚克力制作的函套（见图 5-12）。

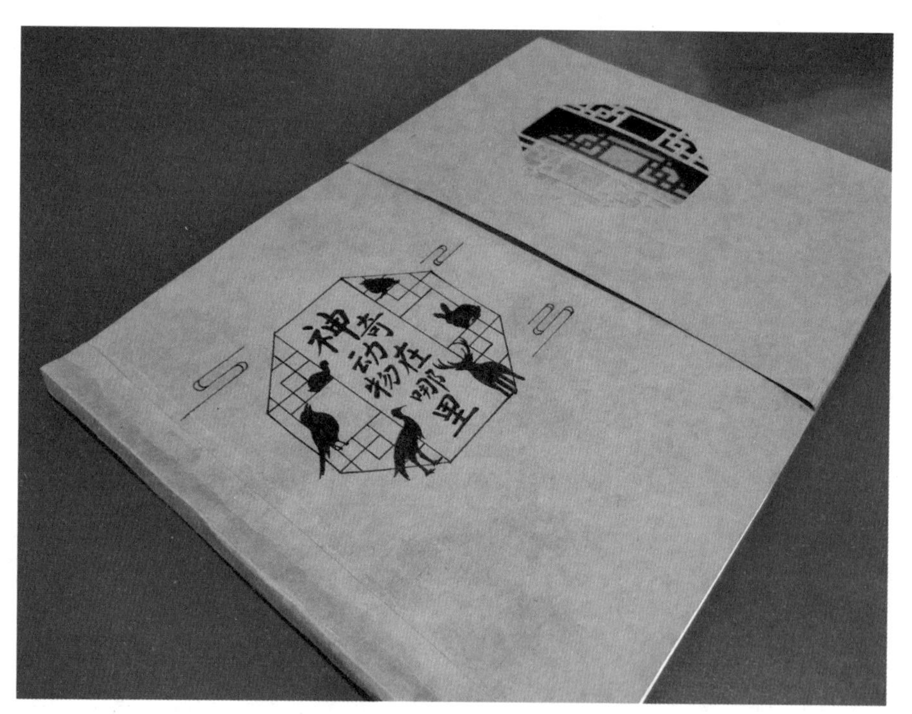

图 5-10

图 5-11

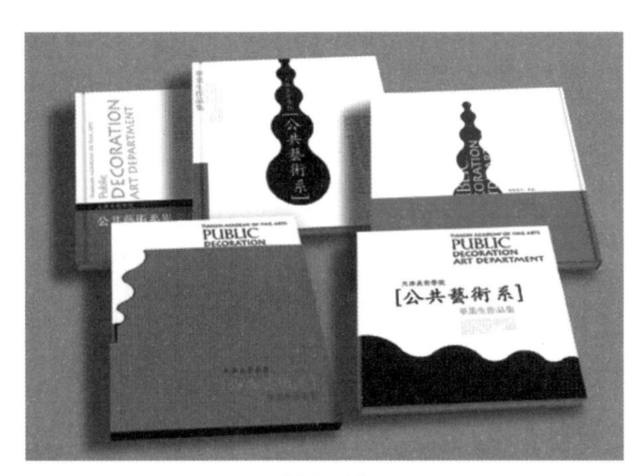

图 5-12

函套可以说是保护书籍的匣，它很像产品的包装，用来保护书籍、便于运输、方便储存和展示，书籍函套的形式较为丰富，有全包式和半包式两种。

在现实生活中带函套的书籍多为精装书，平装简易本的书籍很少采用添加函套的形式。函套的形态包含几种，一种是函套内只放一本书，这种函套的大小、厚薄必须与书籍大小、厚薄相一致，如图 5-13 所示为单本书函套。还有一种是函套内放多本书籍，传统线装书多采用这样的函套，当代书籍也有采用这种函套形式的，如图 5-14 所示为多本函套。

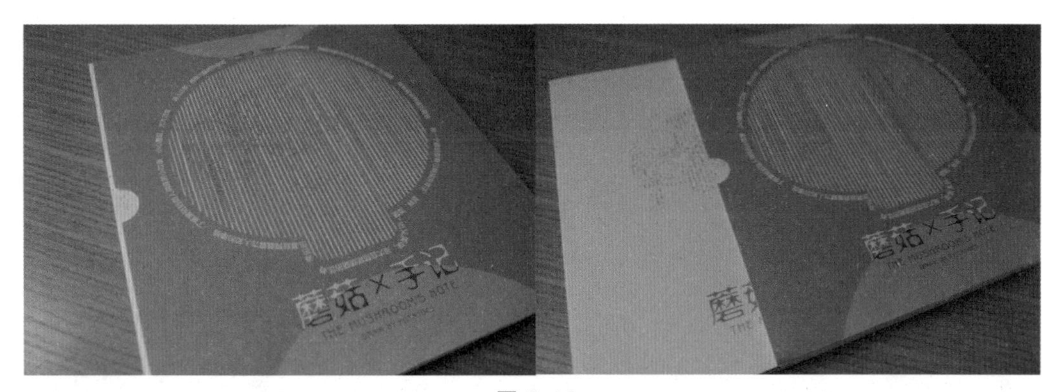

图 5-13

图 5-14

5.1.6 腰封设计

腰封是护封的一种特殊形式，大多时候裹在书籍的中下部，高度在几厘米到十几厘米之间，正因为腰封放在书籍的腰部因此得名。腰封是在书籍印出后加上去的，它主要有两种表现形式，一种是套在函套外面的，另一种是套在护封外的。套在函套外的腰封可使插入函套内的书籍不能轻易甩出，而套在护封外的腰封从形式美的角度把握好腰封的形象与护封的形象相配合。腰封的基本功能有两个，一个是在出书后出现了与这本书有关的重要事件需要补充介绍给读者，再有是腰封往往蕴含有关书籍的重要信息且增加了书籍的视觉层次，在书籍宣传中起到广告的作用。

腰封在字体、图形设计形式和色彩上要与整个书籍装帧设计风格相协调，以对书籍的宣传为主要目的。与护封相比，腰封的设计往往采用以虚带实、以简衬繁、以色比素、静中有动、动中有静的形式。腰封上的设计要素要与护封的主题形象相呼应，做到色彩和字体的布局结构是护封主题内容的延伸，使读者看到书籍有腰封时是一种面貌，摘掉腰封后书籍又是另外一种面貌。要注意，腰封的设计不能影响护封的效果，如果护封上的书名和书籍的重要形象放在封面的下部，那么腰封的使用就没有意义了，甚至产生遮挡书名的反作用。

现在市场上的书籍普遍都会增加腰封，加上腰封的书籍会显得更加精美，为读者带来视觉满足。《山海经》书籍的腰封设计，设计师对“山海经”几个字进行图形化设计，构成符号标记，结合山形和海浪形象融合到腰封结构中，体现了《山海经》中“山经”“海经”的重要核心思想，如图 5-15 所示。

图 5-15

5.2 书籍装帧设计文前要求

5.2.1 扉页设计

扉页是书籍装帧设计的重要部分，是读者阅读书籍时由封面到内页的过渡页，也是书籍的入口和序曲，它的主要功能是对书名进一步的强调，是引导读者阅读正文页的一个提示。扉页是在前环衬后的页面，包括扩页、空白页、像页、卷首插页、正扉页、版权页等。

在扉页设计的过程中，必须根据书籍的特点和结构形式需要而定，要考虑到它与封面和内文页的前后关系。扉页的色彩不宜太多，以单色或双色为主，书名要突出，设计上简明大方、画面雅志、布局合理。

扉页在书籍装帧的形态结构中是不可替代的，其简约的形态是对封面繁杂画面的一种衬托，使封面和扉页的关系构成一实一虚，一繁一简，一动一静的对比关系，使读者在自然的状态下做好阅读书籍正文的准备。正扉页中的内容不是很多，一般包含书名、作者姓名、出版社名、出版社地点、出版时间和简练的图形等。设计扉页时应对书籍的内容和风格进行全面了解和审读，以便准确传达书籍的思想内容、语言风格和时代精神，用清晰美观的画面启迪读者快速理解书籍的性质主题，且要注意对有限的设计元素进行合理布局，不要让版面过于复杂干扰读者的注意力。扉页的设计多运用象征性或指向性明确的信息符号语言来打动读者的心，给读者以丰富的想象空间和独特的主题暗示。

在进行扉页设计时，应本着更好地反映作品内容、方便阅读和给读者美的艺术享受为宗旨。《佰味》的扉页设计，是将书名有意识地缩小，而强化火锅的剪影图形结构，扉页色彩简洁明了，以黑色呼应封面的形象，整个色调统一协调，给读者新奇有趣的视觉感知，如图 5-16 所示。《神奇动物在哪里》的扉页设计，是通过图文符号有效提升读者对书中内容的情感认知，扉页设计也有其独特意味，如图 5-17 所示。

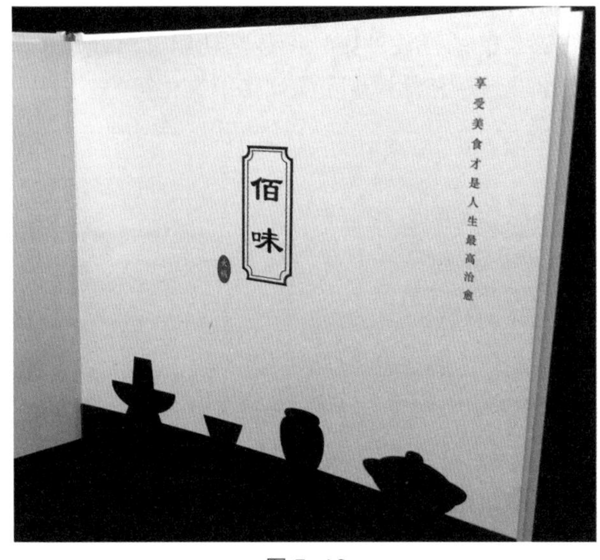

图 5-16

图 5-17

随着读者审美趣味性的提高，扉页的质量也越来越好，在材料上选择高质量的特种纸已成为常态，纸的肌理纹样能更很好地烘托出书籍的价值品位，从而提高书籍的附加值，吸引更多读者。

5.2.2 前言设计

书籍的前言是作者向读者简短介绍此书编写的目的、意义，书中包含的重要内容，以及写作过程中遇到的问题等。前言的作用是吸引读者对书籍内容产生兴趣，起到提纲和引导读者阅读的作用。

前言的设计风格要和书籍的整体风格协调一致，从书籍前言的设计上就能让读者感悟到此书的内容和文化特征。因此，前言的设计就要为整套书籍的设计语言奠定基调，无论是古典的还是现代的、是传统的还是当代的、是东方的还是西方的，这些都要在前言的设计上有所体现。

如图 5-18 所示，《徽味》的前言设计中，设计师利用徽派建筑的马头墙的房顶形象，巧妙地将书籍的内容带入到古徽州境界，充分体现了徽州传统文化符号。

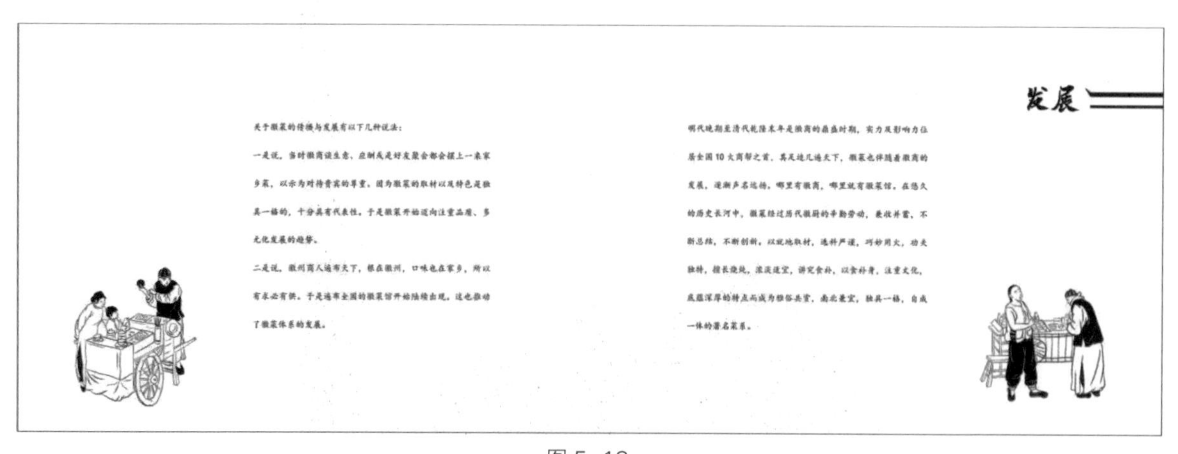

图 5-18

图 5-18(续)

如图 5-19 所示，《侏罗纪漫游指南》的前言设计中，设计师采用了西方古典对称式构图，巧妙利用订口将地球结构图形放于此处，用以表达此书核心主题是以通过地质学的构造研究论证恐龙时代的环境特征，并通过地质特征揭示恐龙这种生物的生存习性。设计形式中置入地质图层和地球大陆板块的结构，以向读者解读侏罗纪时代的地质特征，如图 5-20 所示。

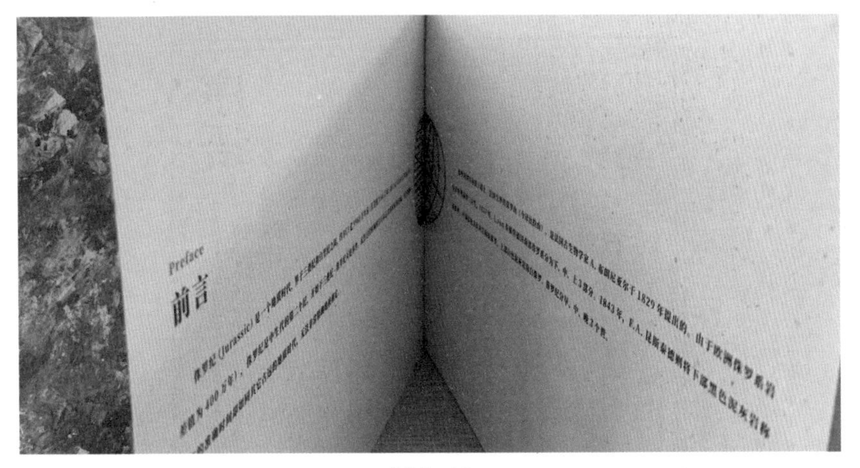

图 5-19

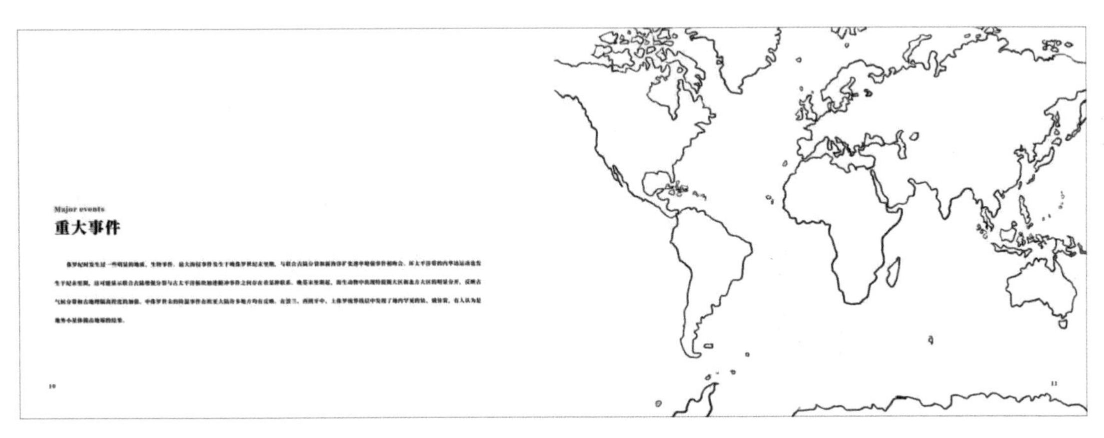

图 5-20

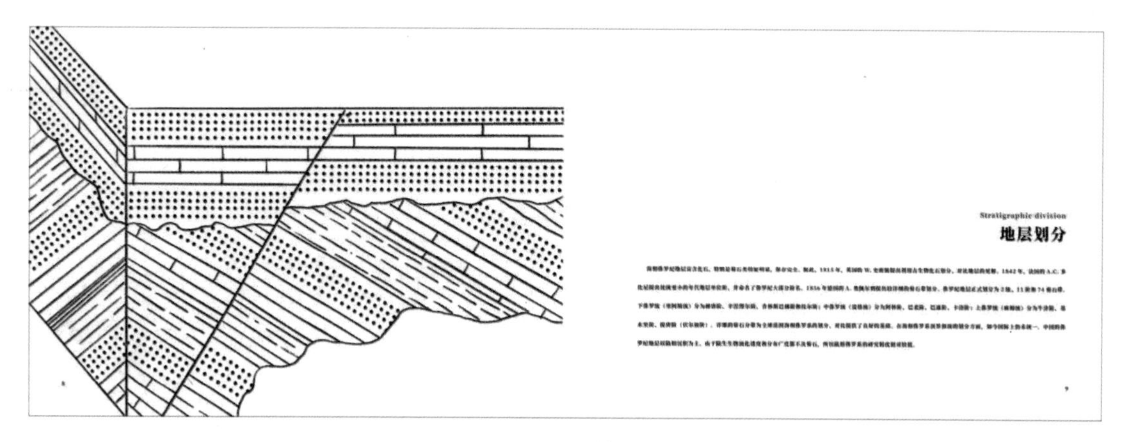

图 5-20(续)

如图 5-21 所示，《西行》的前言是设计师借鉴我国传统雕版印刷的构图形式进行的编排，用以表达书中“西天取经”的主题内涵，编排设计形式置入中国传统文化思想，使前言从形式到内容达到完美统一。

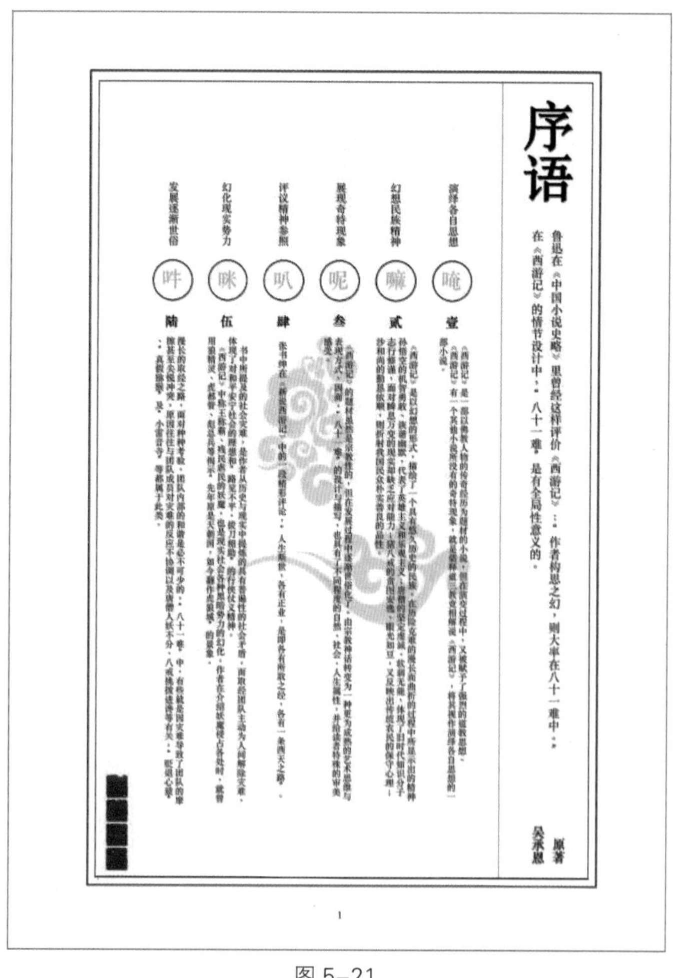

图 5-21

5.2.3 目录设计

书籍的目录是书籍信息内容的纲领，显示书籍结构的层次关系，清楚的目录能够更有助于人们迅速浏览书籍的基本内容。目录是目和录的总称，它的重要性在于，读者在阅读书籍过程中能够对内容进行方便、轻松地查找。

目录一般放在扉页或前言的后面，也可放在正文的后面，目录字体的大小与正文基本相同，大的章节标题可适当调整。在过去，目录中的标题名总是排在前面，后面是页码，中间用线连接；而现如今，目录的排列方法越来越多样。

《徽味》的目录设计采用竖排，目录到页码的距离被压缩，如图 5-22 所示。

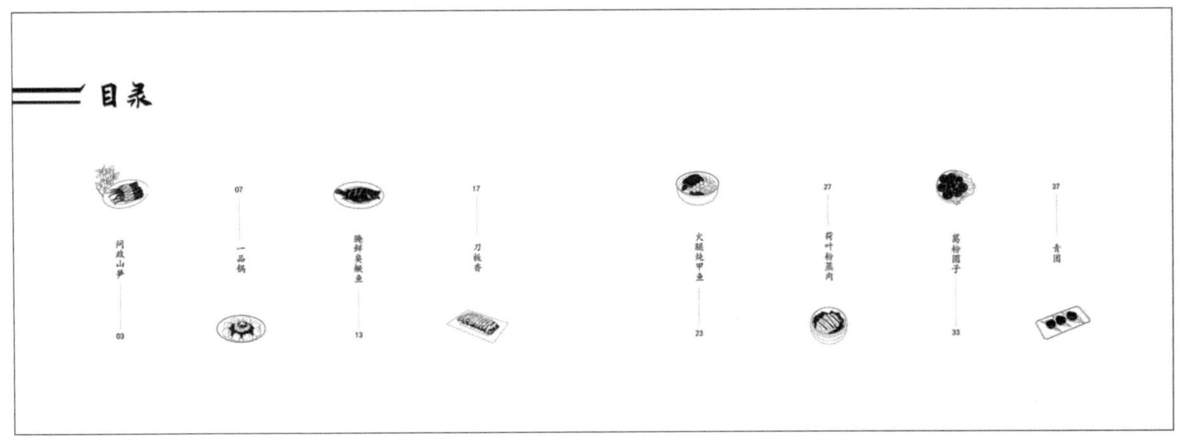

图 5-22

目录在排列时不一定要满版，而应根据书籍整体设计的需要和意图加以调整。《侏罗纪漫游指南》的目录主要是表达恐龙世界家族的名目，因此只使用了恐龙的图形加名称和页码作为目录的设计样式，效果简洁直观，如图 5-23 所示。《汉赋》的目录根据书中内容融入传统元素，并设计了大量留白，显得古朴而典雅，如图 5-24 所示。

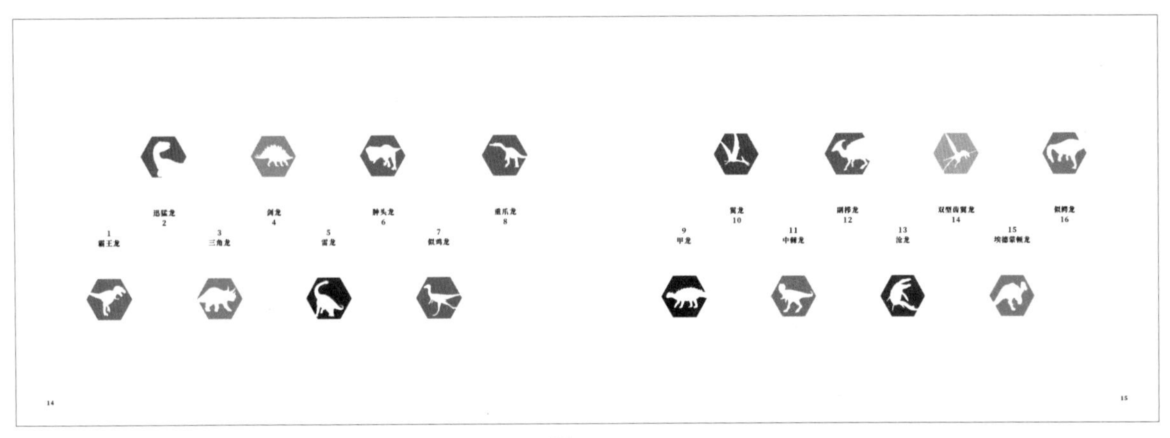

图 5-23

图 5-24

有的书籍目录的标题层级较多，这就要求设计时认真严格地加以区分和编辑，如大标题顶格排列，而中小标题呈阶梯状逐级留出空间；用不同的字体和字号来区分目录层级；用行距进行调节等，如图 5-25 和图 5-26 所示。

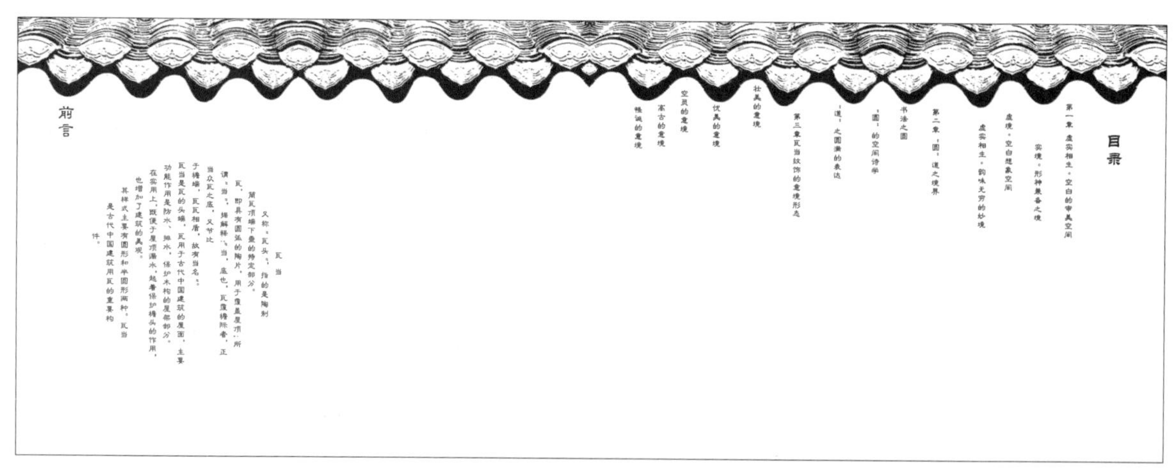

图 5-25

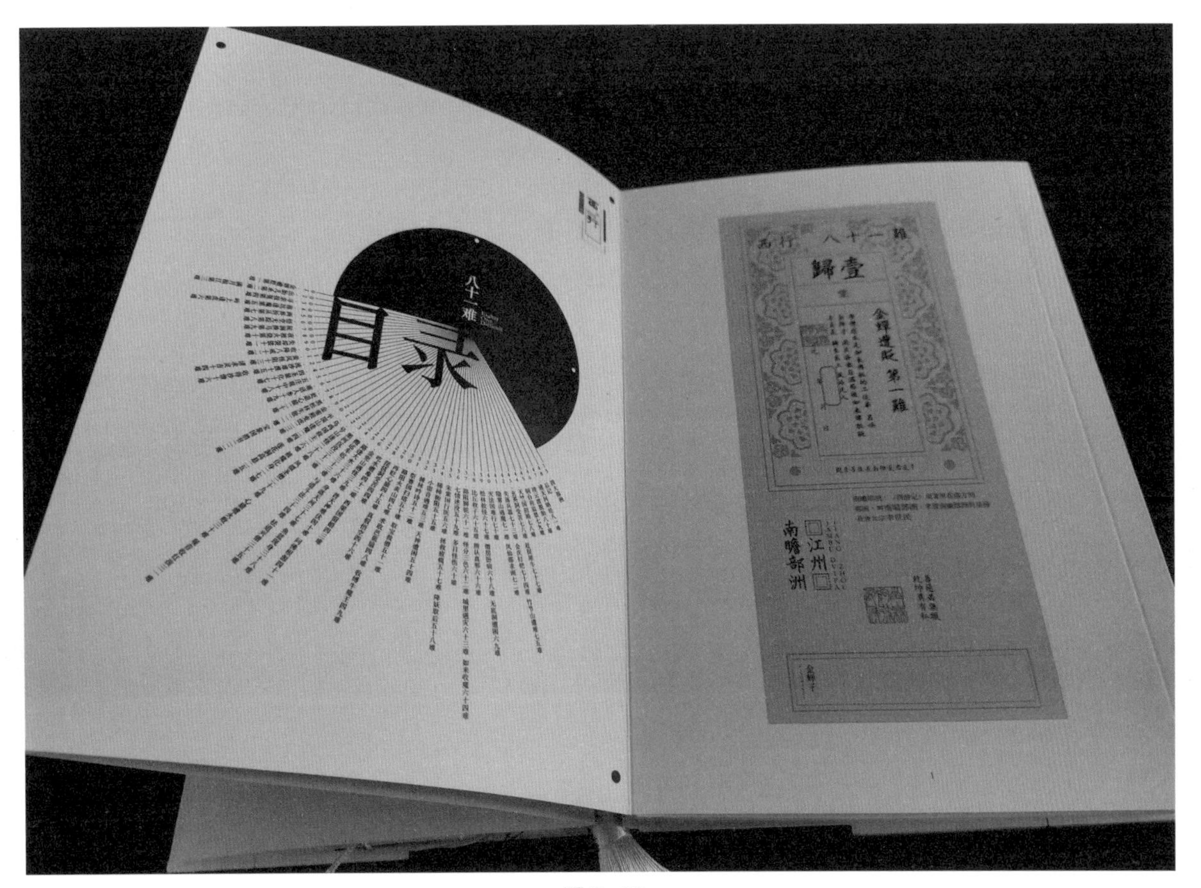

图 5-26

第 6 章　书籍的插图设计

本章概述：

本章结合实践案例，介绍书籍插图设计的形式、类别及风格。

教学目标：

从书籍插图设计的历史和发展角度，理解插图设计的意义及其对于书籍的价值。

本章要点：

理解书籍插图设计是书籍整体设计的组成部分，遵守书籍插图与书籍风格一致性的原则。

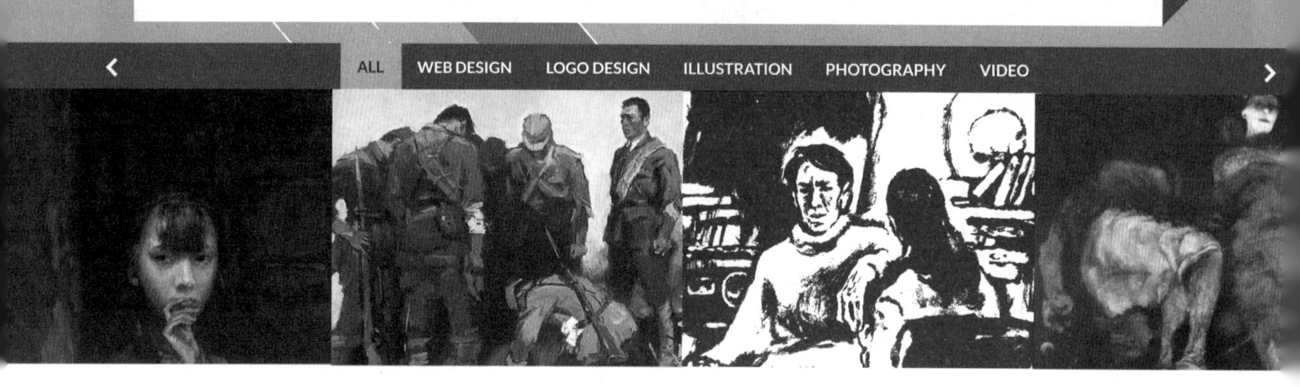

6.1　书籍插图的设计与发展

插图是插附在书刊中的图画，有的印在正文中间，有的用插页的方式，对正文内容起补充说明或艺术欣赏作用。书籍插图的设计是对书籍的文字内容进行有目的、符合书籍风格的形象表达。

6.1.1　书籍插图的表现手法及原则

插图不同于一般的绘画，它从属于书籍装帧设计的内容和范围，插图画家在忠实于原作内容的基础上，发挥想象力和创造力，通过对人物和环境的描绘来表达书中特定生活环境下的特定人物，运用造型艺术的手段表现鲜活的艺术形象。图 6-1 是画家王书朋为老舍先生的小说《微神》做的插图，很好地将书中的人物性格与书中所描绘的人们对生活的感叹与哀怨融为一体。能如此恰当地把握当时那个年代人物和环境的情调，充分体现了画家的造型能力与艺术表现力。

插图在书籍装帧设计中占有特定的地位，它不完全是文字的辅助说明，而是有自身独特的艺术特征，具有很强的艺术表现力。插图设计可以说是书籍最具有表现意味的元素，它与绘画艺术有着亲密的关系。张守义先生是知名的画家，他的插图作品常常对书籍内容起补充说明的作用，画风简洁明快、韵味十足，有独特的艺术感染力，如图 6-2 所示。

图 6–1

图 6–2

以前，插图画家仅负责绘制插图，而不参与书籍装帧设计的其他任何工作，但是这样不考虑书籍装帧的设计面貌，仅根据画家的画风和对书籍内容的理解来绘制插图，极易造成书籍设计语言与插图艺术形象风格的不协调，导致书籍装帧的整体风貌减弱。插图既然是从属于书籍装帧的，其创作的目的性就很明确，应该从内容到形式配合书籍装帧设计，充分完美地发挥插图形象的艺术感染力。现今的插图画家逐渐参与到书籍的设计工作中，书籍的设计者也会绘制插图，为书籍装帧设计与插图形象达到完美统一创造条件。

图 6–3 是王书朋为张仲的小说《龙嘴大铜壶》所作的插图。插图中的人物关系清晰准确，构图疏密有度，较完整地将人物心理状态表述清楚。图 6–4 是王书朋为李玉林的小说《鼠精》绘制的插图，运用夸张的、超现实的手法，让人物性格与老鼠的生活处境产生共鸣，为读者认识和解

析人物起到重要的作用。

图 6–3

图 6–4

6.1.2 传统书籍中的插图

我国古代传统的书籍插图多是以木刻插图版画的形式出现，主要包含以下几种类型。

第一种是文学类书籍的插图，如《红楼梦》《水浒传》《三国演义》《聊斋志异》等。

第二种是以佛学经卷故事制作插图，如我国迄今发现的最早的木板插图为《金刚般若波罗蜜经》卷首图（唐·咸通），至今已有千年，具有相当高的艺术水准。

第三种是应用类插图，如宋代的医学书籍中很多运用了精美的木版插图，每页上面都有图，每页下面是文字。还有用插图分解古代建筑、工具、器物、家具等的制作流程，插图的作用得到了更进一步的发展。

明代是我国版画艺术的鼎盛时期，之所以能发展到如此高度，主要原因是那时市民文学戏曲小说的兴起，书坊主人为了吸引更多的读者，便于推销，就在书中附以插图，这大大地扩展了版画艺术的园地，当时书坊刊行的戏曲小说书籍几乎没有不加精美插图的，制作者也精益求精地提高版画的绘画技艺和刻印技术。明代著名画家陈老莲一生中创作了《九歌图》《水浒叶子》《西厢记》《娇红记》《博古叶子》等量多质精的木刻人物图像，为中国版画插图的发展增添了光彩。据统计，现存的我国历代古本插图书籍有四千余种，明刊约占半数，可见明代版画插图盛况空前。

6.1.3 当代书籍中的插图

在 20 世纪 30 年代经鲁迅先生提倡，插图版画在短短 50 多年间取得了巨大的发展。中华人民共和国成立后，插图样式经过不断发展，内容越来越多样化，艺术的形态得到了极大丰富，版画插图不再是单一的表现形式，这得益于印刷技术的发展，凹版、凸版、平版印刷方式的出现使书籍插图的绘制方法得以解放。这一时代的中国插图艺术也进入一个崭新的繁荣期，各种绘画类型进入插图领域。图 6-5 是王书朋为小说《在决战的日子里》绘制的插图节选，是运用水粉画作为插图。除此之外，版画、中国画、油画、漫画、水彩画、水墨画等也陆续出现在书籍中，为书籍插图艺术的发展创造多样化的条件。

图 6-5

到了 20 世纪 80 年代后期，随着改革开放、市场经济的发展，出版的市场化给出版界带来很大的压力，书籍的编辑制作周期不断缩短，没能给书籍插图的绘制留有充足的创作时间。在较短的时间内也很难创作出优秀的、有深度的插图作品，很多书籍减少插图的数量，或砍掉插图的创作，这样可降低出版成本。此外，书籍插图的稿费过低，无法吸引优秀的插图画家，插图创作逐步走向低谷。不过，随着市场经济的不断深入，借鉴国际流行风格，插图的形态也在发生微妙的变化，创意字体、创意图形、照相写真等也参与其中，为插图家族增添了新的面貌。例如，《酒》一书中的插图，就采用了图形的表达手法，如图 6-6 和图 6-7 所示。

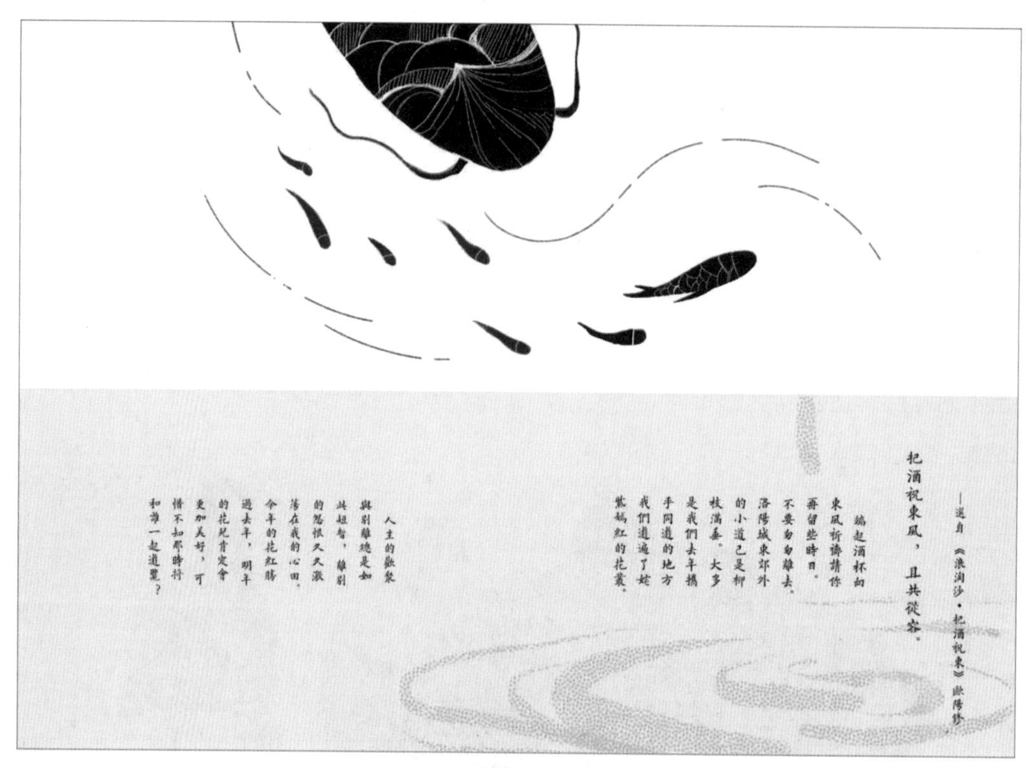
把酒祝東風，且共從容。
—選自《浪淘沙·把酒祝東》歐陽修
端起酒杯向東風祈禱請你再留些時日。不要匆匆離去。洛陽城東郊外的小道已是柳枝滿垂。大多是我們去年攜手同遊的地方我們遊遍了姹紫嫣紅的花叢。
人生的歡聚與別離總是如此短暫，離別的怨恨久久激蕩在我的心田。今年的花紅勝過去年，明年的花兒肯定會更加美好，可惜不知那時將和誰一起遊覽？

图 6–6

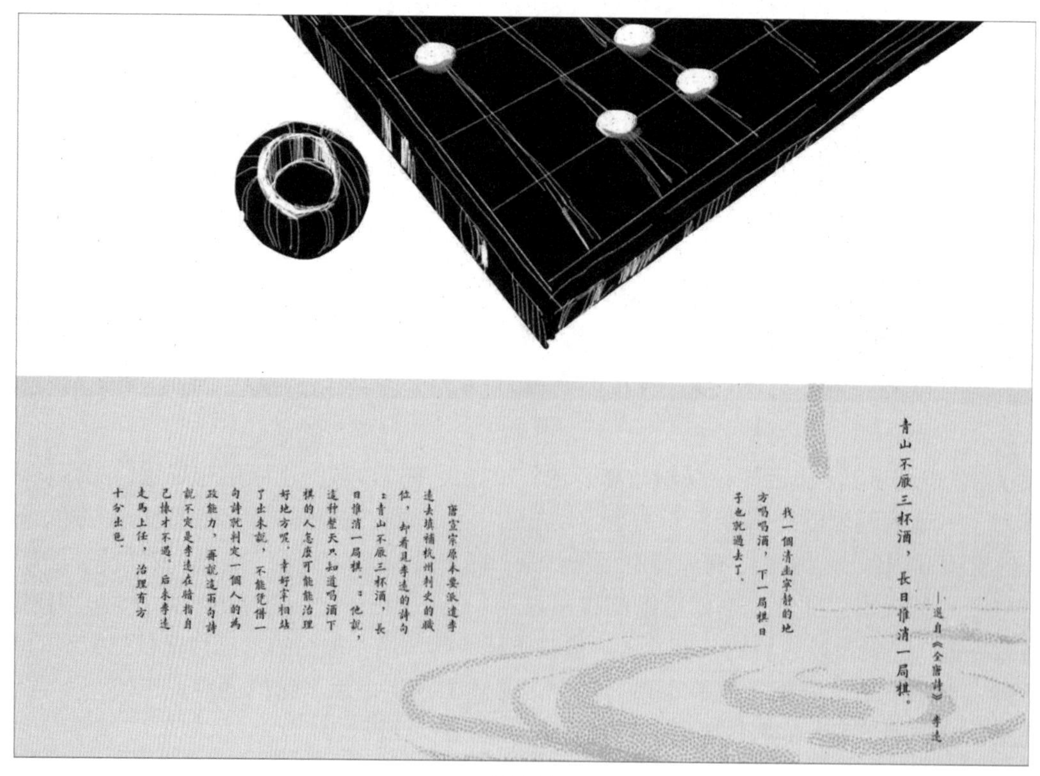
青山不厭三杯酒，長日惟消一局棋。
—選自《全唐詩》李遠
我一個清幽寧靜的地方喝喝酒，下一局棋日子也就過去了。
唐宣宗原本要派遣李遠去填補杭州刺史的職位，卻看見李遠的詩句：青山不厭三杯酒，長日惟消一局棋。：他說，這种整天只知道喝酒下棋的人怎麼可能能治理好地方呢。幸好宰相站了出來說，不能憑借一句詩就判定一個人的為政能力，再說這兩句詩說不定是李遠在暗指自己樣才不遇。后來李遠走馬上任，治理有方十分出色。

图 6–7

20 世纪 90 年代中后期，随着电脑技术的普及，越来越多的人开始使用电脑对插图进行艺术创作。新锐画家不断涌现，他们不再局限于某一风格，常打破以往使用单一材料的方式，丰富了插图的内容和表现形式。为达到预想效果，插图作者广泛地运用各种手段，使书籍的插图艺术获得了更为广阔的发展空间和无限的可能。

如今，插画被广泛地用于社会的各个领域，插画艺术不仅扩展了我们的视野，给我们以无限的想象空间，更开阔了我们的心智，已成为现今社会不可替代的艺术形式。

6.2 书籍插图与分类

书籍作为存储知识的载体，它所包含的内容是非常丰富的。根据书籍的内容不同，我们可以将插图分为文学艺术类插图和科学技术类插图。

6.2.1 文学艺术类插图

文学艺术类插图是指在文艺类出版物上配置的插图，如小说、散文、诗歌等书籍中，不同的艺术表现形式可丰富文字外的表现空间，使读者阅读时更具象，增加文艺作品的艺术感染力。文艺类插图创作余地较大，画家可根据书籍的主题内容思想进行自由发挥，插图除了要依附于文学作品外，还要具有很强的艺术价值。图 6-8 为插图画家王书朋在图书《男人的风格》中绘制的插图，它既与作品的故事情节紧密相连，又带有一定的艺术性，表现出画家独特的绘画语言特征。

图 6-8

在文学艺术类插图中又包含儿童和成人两个领域。儿童类插图更加强化文学人物的鲜明个性，在形象塑造上更简洁明快，使插图成为文学内容的一部分，便于儿童对文学艺术的理解，同时也提高了儿童的审美经验。成人类的插图则要求与文学作品完美结合，一幅优秀的插图能使文学作品中较抽象的概念、作品中的人物关系更易于被人们接受与理解，因此要求插图画家在创作时，必须精确地掌握文字表达的内涵，提炼书中精彩、核心的部分进行艺术加工，用具有表现力与美感的艺术手法创作插图，弥补文字的不足，甚至可以使读者产生美的感受。

《母亲》的插图在绘制上注重画面的节奏感，使孩子的视线围绕图的重心运动，增加了画面整体的协调性和视觉震撼力，提高了图书的可读性，如图 6-9 所示。

图 6-9

6.2.2 科学技术类插图

科学技术插图主要是根据学科分类内容用图像的语言解析深层次的科学思想，或是用科学性的图形解释自然规律。科学技术门类广泛，它包括建筑、工程、医学、电子、机械、军事、生物等学科。

科学技术插图并不要求多强的艺术表现力，而是为了帮助读者理解书籍内容，用来补充文字表达不清楚的内容，但插图一定要结构完整、造型准确，能表述科学的基本原理。不同学科门类的图书需要相应特色的插图配合，只要能明确无误地表现科学技术和知识性的内容，帮助读者直观认知用文字难以表达的信息，在表达主题性的同时兼顾艺术性表现，就是优秀的科学技术类插图。在《原生世野集鉴》一书中，插图以生物学视角来表现植物特征，如图 6-10 ～图 6-12 所示。这些插图的设计在准确表现科学现象的同时又追寻形象的艺术性，从而达到书籍内容科学性和艺术性的统一。

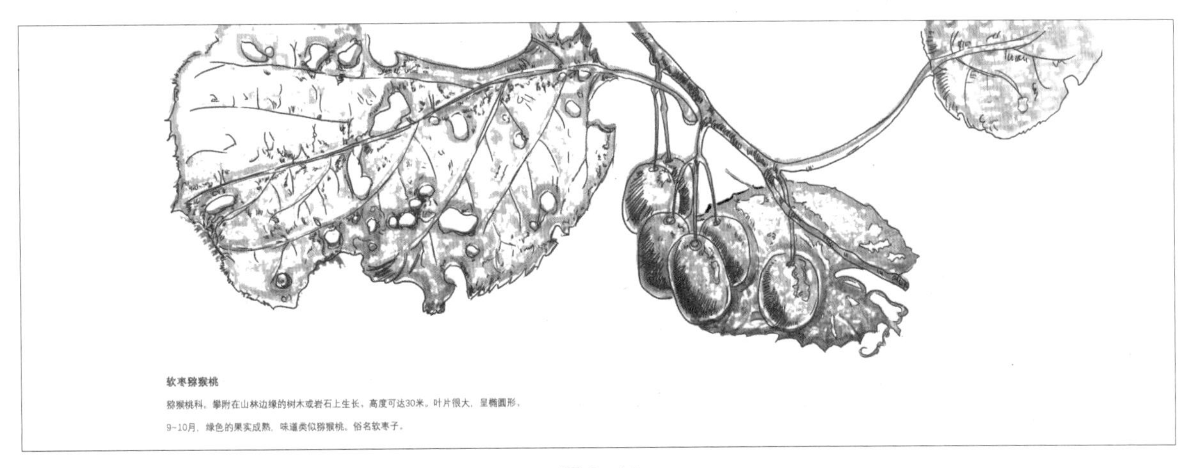

图 6-10

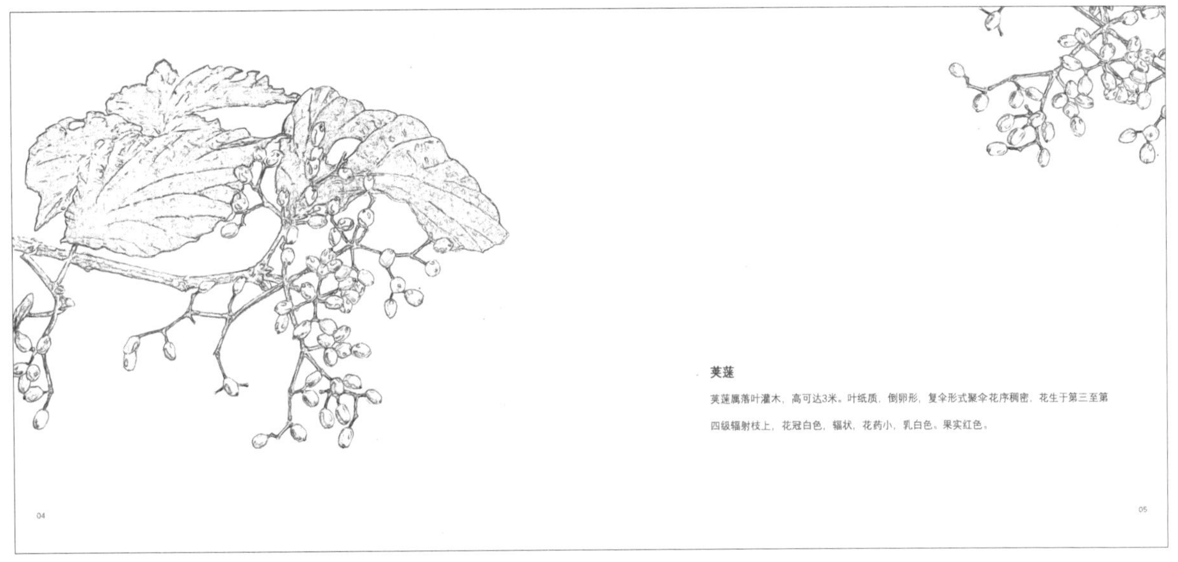

图 6-11

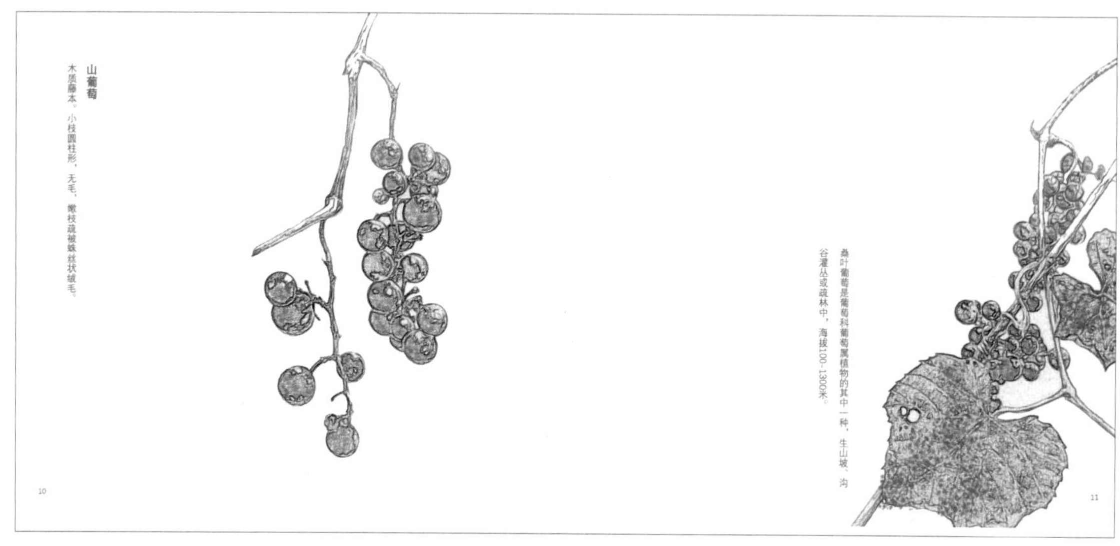

图 6-12

6.3 书籍插图的制作工艺

书籍中的插图，通常为画家构思创作，通过制版和印刷程序制作的艺术作品，称为版画。版画根据类型不同分为凸版、凹版、平版和孔版。

凸版版画包含木刻版画、麻胶刻版画、腐蚀刻版画、砖刻版画、纸刻版画、石膏刻版画等；凹版版画包含金属版画、赛璐珞版画、纸版画等；平版版画包含石版画、独幅版画等；孔版版画包含丝网版画、纸孔版画等。由于所用材料不同，刻版工具和方法也各有长短，各种类型的版画各具特色，版画艺术的形式也更加丰富多彩。本节将介绍几种常用的插图制作工艺。

6.3.1 木刻版画插图

木刻版画可以说是我国最早大量应用于书籍印刷和插图绘制的版画形式，约有 1000 多年的历史，最早可追溯到隋唐时期。唐咸通九年印制的《金刚经》木刻卷首画，是至今发现的最早的木刻书籍插图，说明那时我国的木刻复制版画就已经达到了相当熟练的水平，如图 6-13 所示。

印刷术发明后，书籍插图都以木刻版画为主，木刻插图与书籍印刷术几乎是同时产生的。早期的版画是为印刷与出版而制作，画版者、刻版者、印版者分工明确，刻版者按照画版者提供的画稿刻版，印刷转交给印刷工人来完成，这种形式称为复制版画；后来版画在艺术上赢得了独立的地位，画者、刻者、印者都由版画家一人担任，使其能够充分发挥自己的艺术创造能力，这种形式称为创作版画。

图 6–13

木刻版画插图是在打磨光滑的木版平面上用刻刀刻去画稿的空白部分，留下有形象的部分，版面留下的画稿形象部分凸起，所以称为凸版。木刻版画用的木材因地而异，一般以软硬适度，纹理细致为宜。欧洲木刻版画通常要求刻得精细，图 6–14 是木版画插图领域杰出画家弗朗士・麦绥莱勒的作品，插画使用了质地坚实的木材作为版画的材料，这种形式称为木口木刻。

图 6–14

6.3.2 铜版画插图

铜版版画主要是以凹版的形式出现，因为铜版的制作工艺和木版正好相反，是在打磨光滑的铜版平面上刻出视觉形象凹线，滚上油墨即可印出黑底白线的图像。铜版版画的版材主要是铜和锌，其常用的刻制方法有以下几种。

(1) 线刻法：用刀在磨光的铜版上刻线，它是传统的凹版雕刻法，刻出的线条印刷效果明快而精致。

(2) 干刻法：用针直接刻铜版面，线条留有铜刺，版面上墨时将油墨粘上铜刺，印出后线条有茸毛的感觉，柔和美观。

(3) 腐蚀法：在可以腐蚀的金属材料版面上涂满防腐剂，然后用针在上面刻图像，针到之处，防腐剂被刮去，露出金属版面，最后把金属版浸在硝酸溶液里，露出金属的部分便被腐蚀。根据腐蚀的时间长短和硝酸溶液的浓度不同，腐蚀出来的线条有深浅粗细之别，色调非常丰富。

(4) 美柔丁：滚动锋锐的密齿圆口钢凿把版面全面刺伤，使印版布满斑痕。印刷时，在上面用一把刮刀刮平被刺伤的版面，轻刮得到深灰色，用力刮得到浅灰色，不刮得到全黑色，反复刮光则形成白色。

(5) 浮雕法：让一部分版面深腐蚀，而且腐蚀的面积要大一些，却不在上面滚油墨，直接放到凹版机上压印，纸面就显示出浮雕式的无色花纹。

(6) 飞尘法：制造一个飞尘箱，箱内有松香粉并装有一把手摇风扇，然后将磨光的铜版放在箱内。关闭箱口摇动风扇时，松香粉便在箱内飞起，并慢慢均匀地落在版面上。沉淀到一定时候，将洒满松香粉的铜版取出来放在电炉上烤到松香粉融化，聚成融化小点，冷却后凝结成一层薄膜。将此带有松香薄膜的铜版浸入硝酸溶液中腐蚀，取出的铜版印出的图形便是一片由斑点组成的灰色，灰色的深浅取决于松香粉的粗细及薄膜的厚薄，以及腐蚀时间的长短。

6.3.3 石印版画插图

石印版画也是平版版画的一种，它是 18 世纪德国人阿洛伊斯·塞内费尔德发明的。石印版画技术于 19 世纪中叶传入我国，目的只是作为代替木版印刷的工艺，供印书所用。石版画的制作方法比较简单，所用的石版是一种质纯而细的石灰石，有无数毛细孔，吸水性较好。利用油和水互相排斥的原理，用油质的蜡笔在石版上作画，打湿版面后，画上蜡笔的地方拒水而能吸油墨，用油墨滚上，使有画处饱含墨色，便能在纸上印出来。

与木版和铜版相比，由于石印插图需要单独印刷，增加了书籍的印刷成本，所以石版在书籍插图中使用的比例是很小的。如今，石版画已经成为一个独立的特色版画画种，石版插图也得以发挥其独特的作用和艺术魅力。

6.4 书籍插图的具体要求

6.4.1 插图的类型和结构

书籍插图的形式大体有题头插图、文尾插图、插页图、章前插图，以及随文单页插图、随文插页插图和集中插页插图等形式。

在各种类型中，以在文字中随文插页插图的技术性要求更高一些，这样的插图必须紧密配合文字的内容，考虑插图在书籍版面中合适的位置和插图所占的版面面积，插图的线条和正文文字的线条是否协调，印刷时所用纸张的厚度等。

相对来说，随文单页、集中插页的插图形态则更为自由，不会受到内文字体的制约，但要考虑插图与书籍内文版面的设计风格、结构保持一致。

如图 6-15 所示，张守义为《虎皮武士》和《解放了的董吉坷德》两本书绘制的插图都很好地处理了插图与文本的关系。他在创作插图时，会先分析是随文插页插图还是随文单页插图，根据不同的插图要求选择不一样的表现手法。他所做的插图最大的特点为使用最简洁的线条和墨块，毫无多余的用笔，通过对比的手法将书籍的人物情绪淋漓尽致地表达出来，使插图的风格和书籍版面文本相互衬托、协调一致。

图 6-15

6.4.2 插图创作的注意事项

插图画家常常采用自己习惯的一套手法，去给不同风格的文学著作绘制相同面貌的插图，这样必然会给读者造成千篇一面的感觉，使读者失去对插图的兴趣。好的插图，既要忠实文学著作的内容情节，又需注重著作的风格和情调。因此，画家要善于根据不同文学作品的体裁和读者的审美需求，采用各种相应的绘画语言，还能在不同的艺术插图中，表现出画家自己特有的风格。

插图的样式应随文学作品风格的不同而变化，各类文学作品也影响着插图风格的多样化。例如，小说、诗词、童话、小品，插图都要有所区别；同样是诗，因诗的风格不同，插图也要有所变化。

插图除了要求画家深刻地理解著作的主题思想，选择最有代表性的情节、故事发展的关键和高潮来进行创作外，还要求画家对文字的体裁风格加以重视和配合。比如，文学著作是一种通俗性的文学作品，那么插图的表现形式也应该尽可能让一般读者易于接受和理解；又如诗词作品，插图也要富于诗的意境和情趣。因此，插图应该采用各种不同的形象语言，利用艺术表现力，挖掘线条的性格特征来表达文学作品中的境界。

每个作家的作品都有其个人的风格、特点，有的粗犷豪放，有的细腻严谨，有的热情活泼，有的纯朴深沉。但插图的艺术创作和艺术家自己的艺术创作表现有很大的不同，最主要的原因是插图的艺术创作是围绕书籍的主题内容进行艺术形象的塑造，而不能凭着自己的兴趣任意组织画面。因此，插图的草图作用十分重要，它为插图艺术家能充分调整画面构图创造了条件。图 6-16 为《金老二的最后一夜》图书中的插图，画家从草图入手设置好构图，从而塑造人物形象和人物关系。

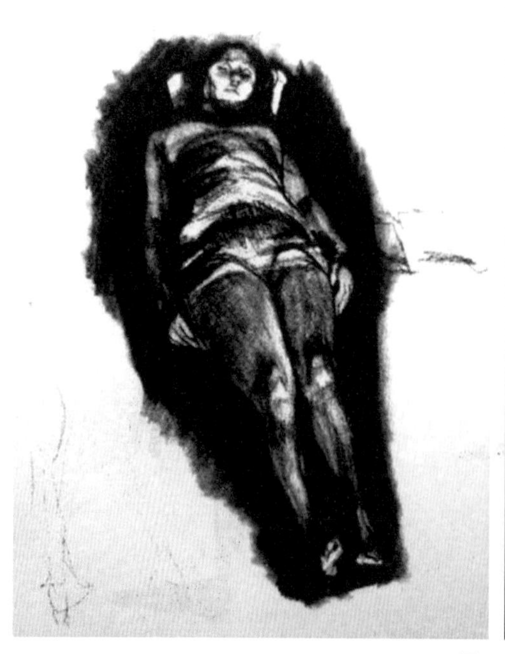
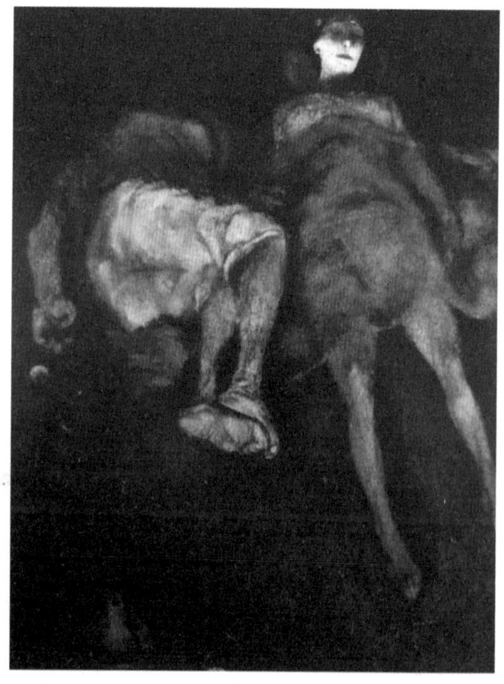

图 6-16

通过构图变化，使版面中字体的编排结构与插图布局进行配合，表现出极有趣味的页面形式。用文本编排的语言形态衬托出插图形象，使版面的组织节奏疏密有度，达到绝佳的视觉效果，做到文本与插图的和谐统一，使插图画家的创作和文学家的创作浑然一体，使书籍的设计与插图的面貌成为完美的统一体。

传统的现实主义的插图仍然是书籍中插图创作的主流风格，我们在市场上看到的杂志内的插图主要还是传统的表现形态，图 6-17 是王书朋为《火神》一书创作的插图，反映了我国改革开放初期社会生活的图景，从中读者可以了解社会生活的发展变化。

图 6-17

随着人们审美趣味的丰富和计算机技术在书籍装帧设计中的应用，人们的视觉思维能力得到了广泛的提高，插图的表现形式较以前更为多样，表现主义、超现实主义的绘画方式在插图的创作中得以尝试，人们对插图的认知也比以前更加灵活。

6.4.3　插图的练习与积淀

我们在平时生活中积累的素材及资料越丰富，插图的表现形式就越自由。要做好书籍插图，我们要养成细致认真观察生活、随时记录生活中各种现实场景的习惯。图 6-18 为设计专业的同学在书籍插图设计课上的练习，学生要督促自己随时用笔来记录生活，为之后在文学作品中创作优质的插画作品奠定坚实的基础。

图 6-18

第7章　书籍的印装工艺

本章概述：

本章结合实践案例，介绍书籍印制过程中涉及的各项工作。

教学目标：

从印刷装订的视角，理解书籍印装过程中的各类技术性问题。

本章要点：

理解书籍的印刷制作方式是决定书籍装帧设计是否成功的关键。

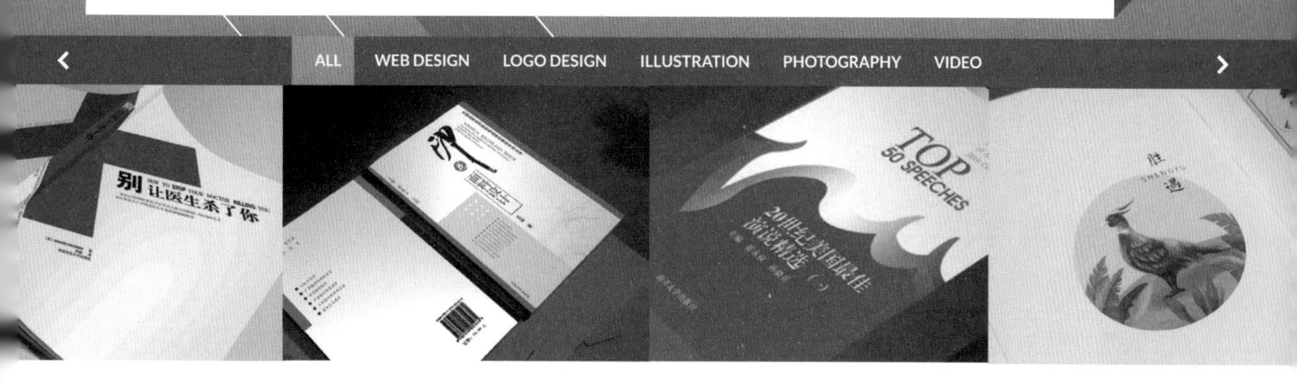

7.1　书籍印刷的材料

印刷技术的发明，使人类智慧文明得到更广泛的传播，纸作为书籍印刷最重要的材料，为人类社会的进步做出重大的贡献。纸张是书籍最主要的承载体，是影响书籍制作装订能否成功的关键。

作为设计师要熟悉各种纸张的性能，为书籍印刷选择合适的纸，考验了设计师平衡成本和书籍质量的能力。除此之外，设计师要准确掌握各种纸张的“性格”，纸张的材料表面肌理像语言一样传递信息，粗糙不平的纸张、柔软细腻的纸张、光滑挺拔的纸张，给人带来不同的感受，纸张由于材质肌理不同，其印刷效果也是不同的。设计师要确保纸张的印刷效果与书籍所要表达的内容相一致，合理使用各种纸张在书籍制作中的组合应用，控制好书籍印制的质量。

书籍印刷常用纸张包括胶版纸、铜版纸、书写纸、轻型纸、特种纸等。书籍的封面、环衬、扉页的印刷用纸是以铜版纸或特种纸为主，也有波纹纸、底纹纸、草纹宣纸、皮纹纸、草纸等；书籍的内文页用纸多为铜版纸、胶版纸和轻型纸。纸的价位不同，书籍在设计和印刷制作时一定要考虑读者的购买力，不能一味选择贵的、高成本的纸张，合适的材料、工艺和创意是优秀书籍艺术制作的前提。

7.1.1　铜版纸的特点及应用

铜版纸主要是采用木、棉等纤维制成，然后在原纸上涂上一层碳酸钙涂料，经过烘干、压光制成的高级印刷用纸，如图 7-1 所示。铜版纸分为单面铜版纸和双面铜版纸，其纸质细密、洁白均匀、光泽度好、手感平滑，印刷彩色内容比较鲜亮，色彩还原度较高。

图 7-1

铜版纸是书籍封面和画册等高档书籍的印刷纸张，制作完成的书籍体态厚实、稳重，现代感较强，符合高档书籍的印刷要求，如图 7-2 所示。铜版纸的印刷成本较高。

图 7-2

7.1.2 胶版纸的特点及应用

胶版纸含有少量的棉花和木纤维，纸质平滑、伸缩性小，质地紧密，透明度低，表面韧性强度高，抗水性较强，对油墨的吸收性均匀。胶版纸有单面和双面之分。

胶版纸价格相对经济，印刷质量较好，主要用于印制相对高级的印刷品，包括工具类画册和期刊画报，以及书籍插图页、内文页等，如图 7-3 所示，胶版纸书籍有一定分量，手感较厚实，是中档层次书籍的首选印刷用纸胶版纸，主要用于文学类或哲学类书籍。

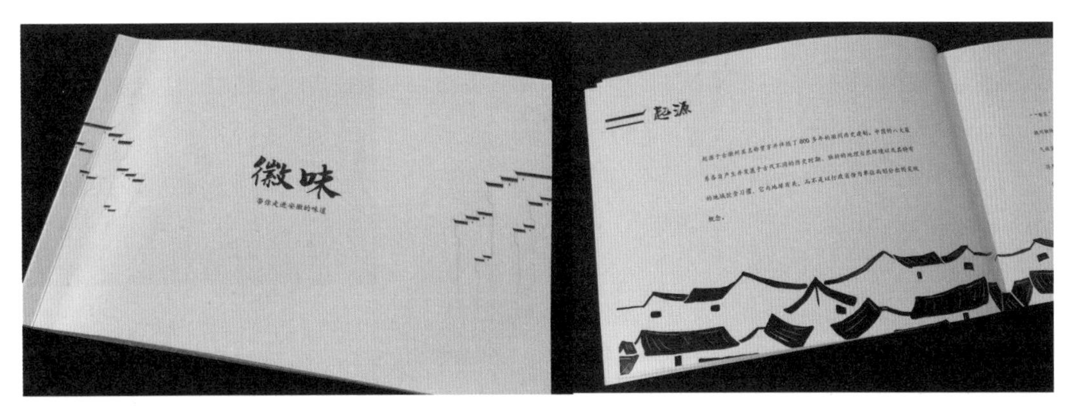

图 7–3

7.1.3　轻型纸的特点及应用

轻型纸质地柔韧、不透明，纸面相对胶版纸较粗糙、有更好的力度，阅读反光小，视觉舒适。轻型纸底色柔和，印刷适应面较广，用它印刷的书籍轻便、易于携带，书脊厚于同等克重的胶版纸的书脊，从视觉和触感上显得书籍的体态风格更有文化韵味。

轻型纸是现在市场上重要的书籍印刷材料，专业人员称其为蒙肯纸（轻型书籍胶印纸），如图 7–4 所示。轻型纸多用于休闲类、文学类书籍，这是因为文学书籍以文本为主，过于沉重的书籍会影响读者的阅读和携带。

图 7–4

7.1.4　特种纸的特点及应用

特种纸也称艺术纸，材料多为纯木浆，纸张含有长纤维，有些特种纸还含有棉的成分。用这样的纸浆做成的特种纸，强度好、有韧性、弹性好、颜色稳重，有丰富的颜色和独特的纹理，如图 7–5 所示。

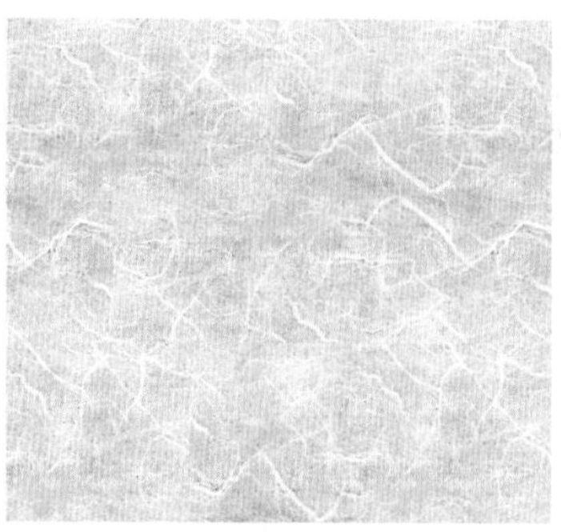

图 7-5

特种纸是高档书籍封面和高档包装的用纸首选，如图 7-6 所示。书籍的印刷材料中，特种纸主要是用于精装封面和环衬的制作，随着人们收入水平的不断提高，读者有能力购买用纸更加高级的书籍，而设计师通过纸张展示形象、沟通信息的需求也日益提高，这让特种纸行业也随之迅速发展。

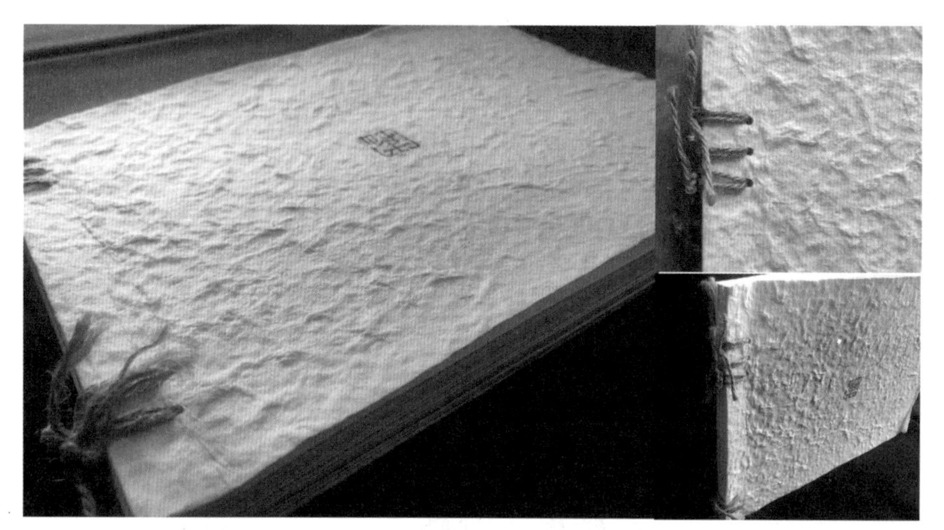

图 7-6

7.2 书籍印前制作

印刷是书籍制作的最后一道工序，书籍在正式印刷之前的所有工作都是为更完美的印刷服务的。

可以说印刷是检验设计过程中设计师能力的关键环节，纸张材料的选择、印刷方式的确定、拼版方法是否合理，都能从印刷中得到验证。印刷的好坏直接影响书籍整体的面貌品质，完美的书籍设计不仅包含精彩的创意、合理的结构，还包含制版、印刷、装订等环节没有瑕疵。要想使书籍成品达到符合艺术要求的结果，设计师必须要了解拼版、印刷、装订等工艺，对于不同的书籍设计需求，选择合适的材料和印刷手段。

7.2.1　书籍印前拼版

拼版是现代印刷工艺中最基本的技术之一，设计师将一些编排设计好的内文版面拼合成一个印刷机能印制的开型，拼好的版面更加方便印刷及装订。拼版过程中，设计师根据印刷的要求，选择不同的拼接方式，拼合成不同的版面形式，特别是一些需要进行折页的书册、小本子之类的印刷物，更是要根据印刷机的印刷要求来选择所需要的拼版方式。

书籍是需要印刷装订才能制作成形的，在印前工作中最先要考虑的是用怎样的拼版来适应印刷手段。常用的拼版方式有单面式拼版、双面式拼版、横转式拼版、翻转式拼版等，下面对这些拼版方式进行详细介绍。

1. 单面式拼版

单面印刷拼版是对纸张的一个面进行印刷，成品是正面印刷，而背面是空白页面。这种单面式拼版是最简单、方便的，它是针对那些只需要印刷一个正面的印刷品，如书籍的封面、函套、腰封，还有招贴、纸盒包装等，如图 7-7 所示。

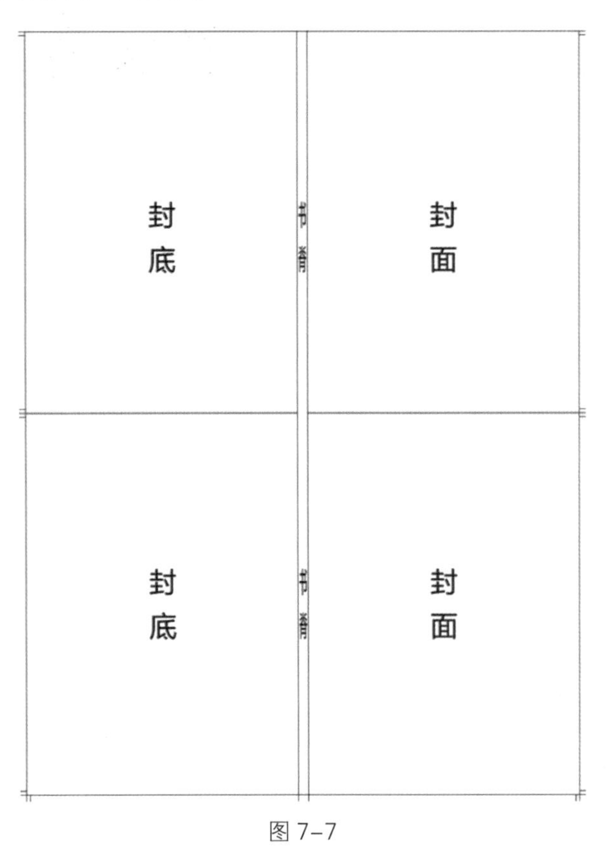

图 7-7

单面式拼版有时利用印版的空间可放两个封面印版，我们称这种在印版上放两个封面的拼版方式为联二式拼版，如图 7-8 所示。

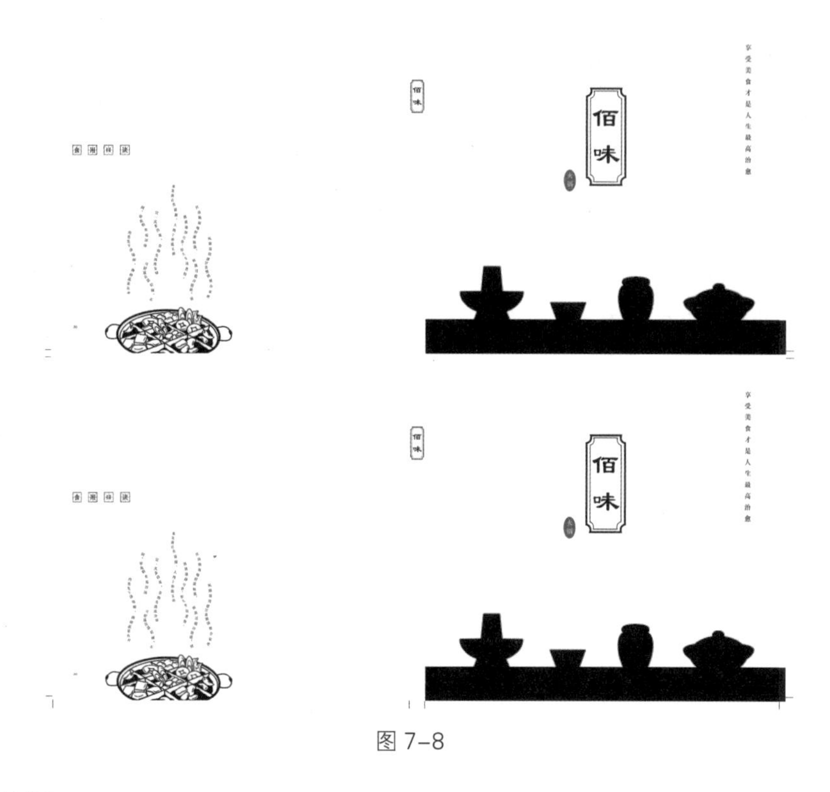

图 7–8

2. 双面式拼版

双面式拼版俗称“底面版”，指正反两面都需要进行印刷的印刷品，如一些期刊的封面。期刊与书籍封面的区别非常大，书籍的封面包含封面、书脊和封底，封面印刷只需要印一个正面，背面是白纸，而期刊封面是由封面、封二、封三、封四组成，且每个面都有重要的内容信息，需要正背印刷。在设计过程中设计师要合理安排，使每个页面都有独特的内容和价值。在印制过程中，所有内容都需要在拼版过程中巧妙地展现出来。

双面式拼版分为不同页数，这是根据印刷品的大小而决定的。比较常见的拼版页数有 4 页拼版 (见图 7–9 和图 7–10) 和 8 页拼版 (见图 7–11 和图 7–12)。

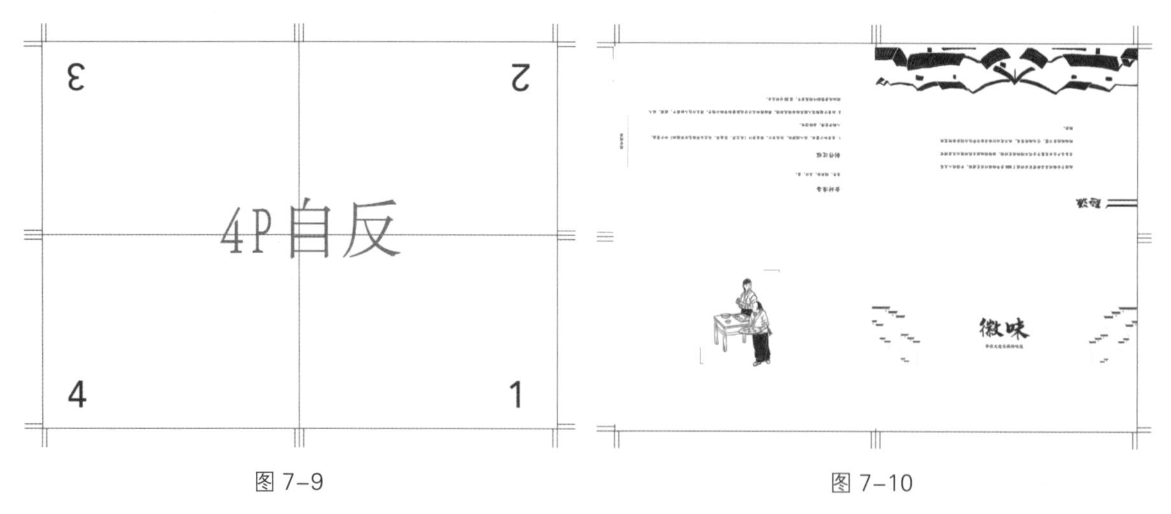

图 7–9　　图 7–10

图 7-11

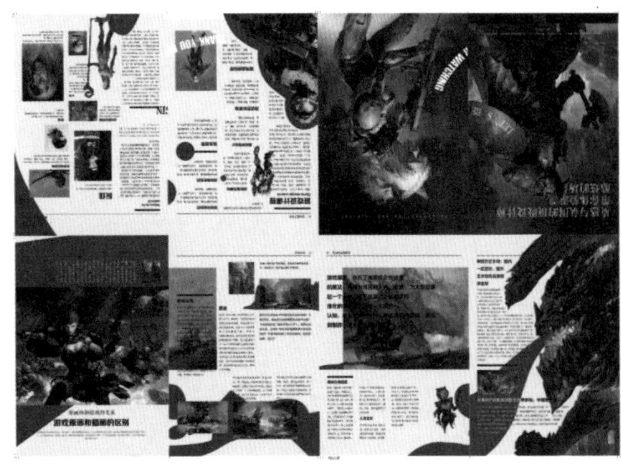

图 7-12

3. 横转式拼版

书籍的横转式拼版，俗称“自翻版”，适用于期刊类的印刷品。横转式拼版的具体方式，是将一本 16 开的杂志封面，分有封一、封二、封三、封四几个需要印刷的版面，先在拼版时将封一和封四横向连接拼在一边，然后将封二、封三与封一、封四对头拼在一个四开的版面上，再将这个四开版放到印刷机上进行印刷，等一面印刷完成后，再将纸张横转 180°，用反面继续印刷，如图 7-13 所示。印刷完成之后，将印刷品从中间切开，就可以得到两件完全一样的印刷品了，成品效果如图 7-14 所示。

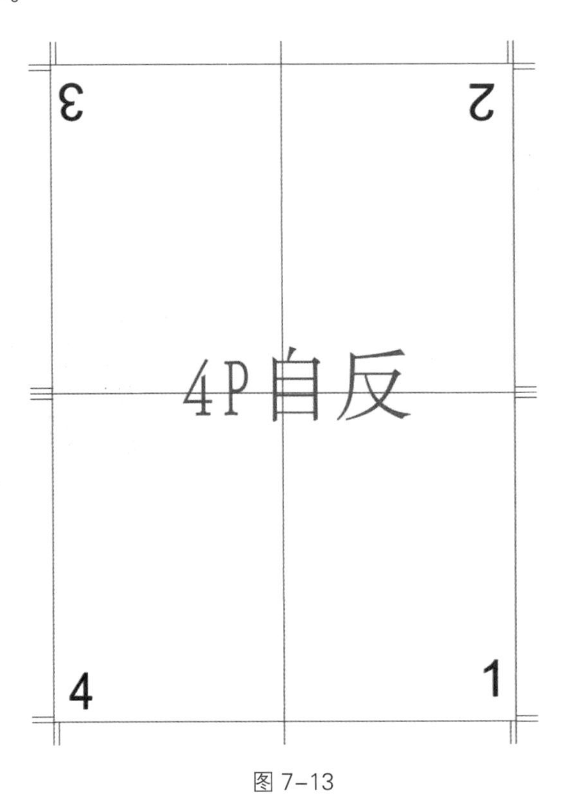

图 7-13

天
上班可真是无聊啊
坐在椅子上，
撑着头，
想着待会去买什么呢？
晚上又应该吃什么呢？
每月一次的连载摄影。
虽然是工作，
大家都相当轻松。
长期一同工作的团队，
大家都非常有默契。
市场里满满摆放的
食材和料理，
旅途中不论何时，
食欲总被勾起
总是忍不住想买点。
08

图 7–14

4. 翻转式拼版

翻转式拼版主要用于书籍的内页印刷，针对32开开型的印刷品。翻转式拼版，是使用同一个印刷版在纸张的一面印刷后，再将纸张翻转印刷背面，其拼版方式比较复杂，如图7-15所示，成品效果如图7-16所示。

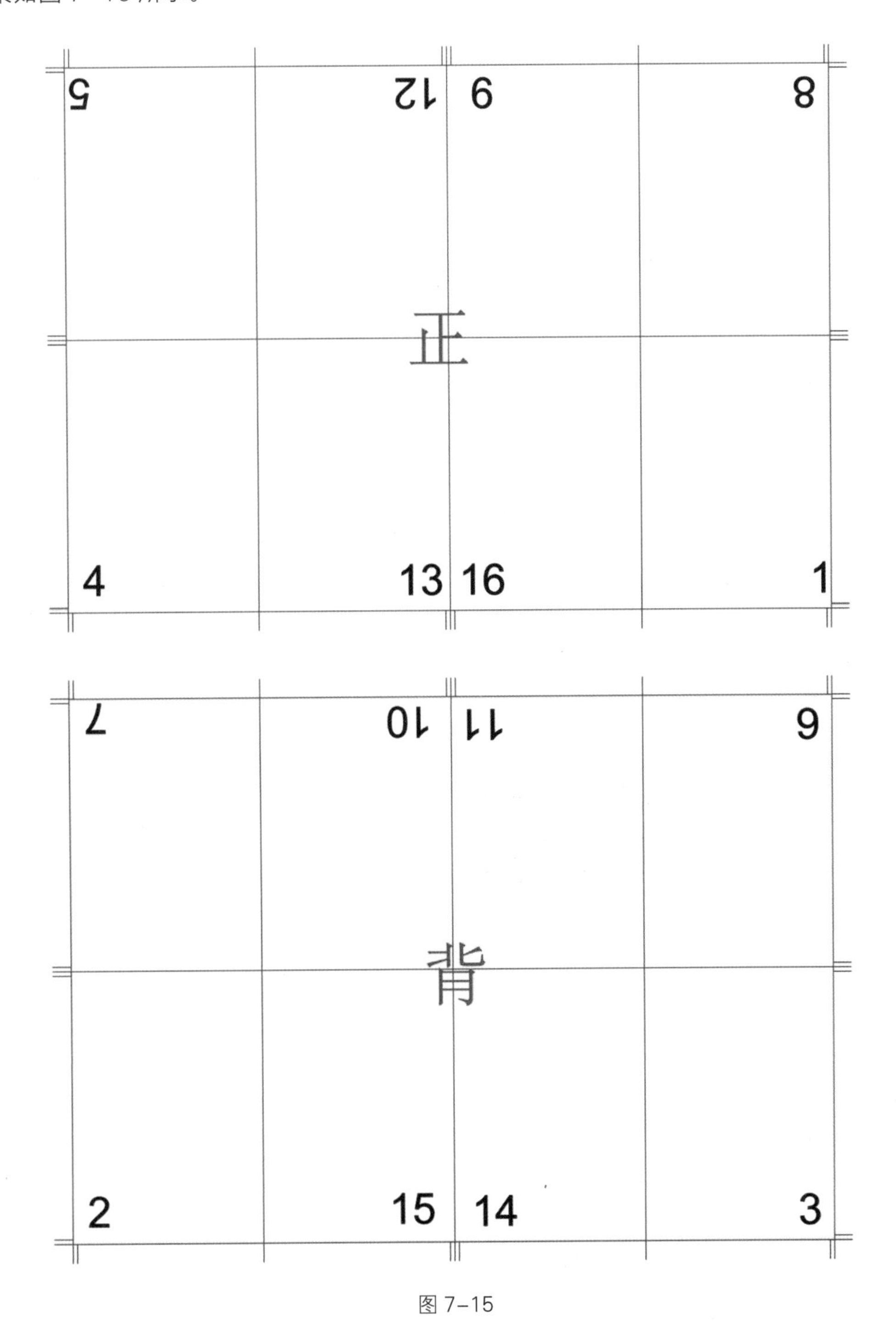

图7-15

图 7-16

7.2.2 书籍印前的颜色转换

许多专业设计师喜欢用 RGB 模式设计封面，因为 RGB 模式的色彩在屏幕中的显示效果十分鲜艳。但是，在将书籍设计文件拼版之前，需要把 RGB 的色彩转换成 CMYK 模式。因为 RGB 模式是屏幕的色彩显示，而 CMYK 模式是四色印刷的色彩显示，它们显示色彩的原理不同，这样容易导致输出过程中发生颜色差异的问题。所以，把图像置入排版软件前或传送至印刷厂前，一定要先将其转化成 CMYK 色彩格式，如图 7-17 所示。

图 7-17

现在的印刷工艺是通过分色制成软片，或者由设计人员直接输出 PS 版送到印刷厂进行印刷，以确保印刷出的颜色效果偏差较小，如图 7-18 所示。

图 7-18

7.3 书籍的印刷制作

7.3.1 书籍印刷工艺

书籍的印刷实际上是对图像和文本进行复制的技术，印刷的意义在于用更普及的手段传播人类的文明。

书籍设计成品最终是由印刷工艺和装订技术来体现，印刷技术的好坏直接影响到书籍设计的成败。完美的书籍设计包含着创意与印刷技术工艺的融合，要使书籍成为多数人满意的精品，需要经过制版、印刷、装订各环节的配合才能实现。因此，为了更好地应对不同设计师创意的需要，我们必须了解书籍的印刷工艺，为不同的书籍选择合适的印刷模式。

书籍的印刷工艺有很多种，如凸版印刷、平版印刷、凹版印刷、丝网版印刷和胶版印刷等。其中，比较常见的工艺类型为凸版印刷和胶版印刷。

1. 凸版印刷工艺

凸版印刷工艺，是指印版上的图像文本信息部分高于版面空白区域，印版是凸出来的，当墨辊对印版上墨时，只有这些凸出来的图文部分能够沾上油墨，纸机将纸输送到印刷版位置，在机械压力的作用下，印版图像文本部分的油墨被转印到承印物（纸）上，从而完成一次页面的印刷。凸版印刷工艺的原理与机型，如图 7-19 所示。

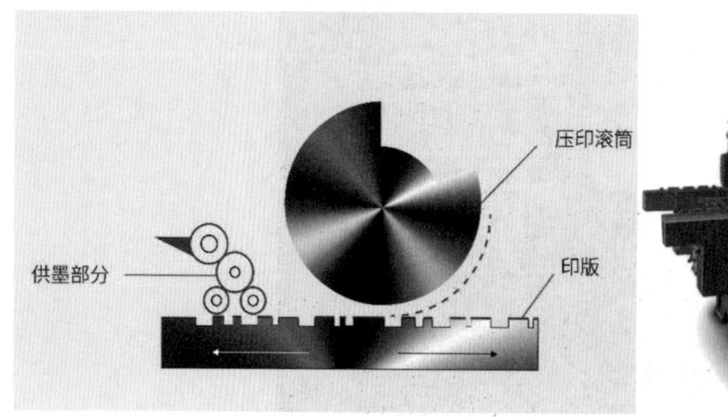

图 7-19

采用凸版印刷工艺制作的印刷品，纸面有轻微凸起的印痕，这是因为印版上凸起的线条和文本边缘受压较重，因此纸面印刷后会有痕迹。

凸版印刷的油墨浓厚，可印刷质地较粗糙的纸张，色调的准确性不强。凸版印刷适合印制套色不多的书籍，或是以图表、色块、线面为主的作品。凸版印刷不适合印刷大版面的印刷物，因为它很难把控好油墨在版面上的均匀度。

2. 胶版印刷工艺

胶版印刷是将印版经过物理和化学处理后，利用油水相斥的原理，使印版上的图文部分亲油斥水、非图文部分亲水斥油，然后在印版上同时上水上墨，借助胶皮将印版上图文部分的油墨转印到承印物上。胶版印刷工艺的原理及印刷方式，如图 7-20 所示。

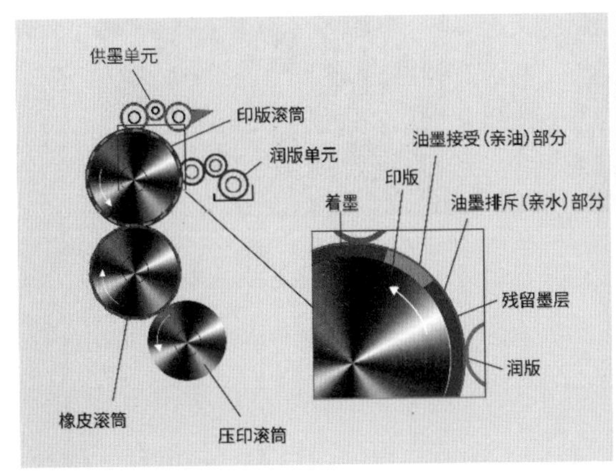

图 7-20

胶印具有印刷速度快、印刷质量比较稳定、书籍的整个印刷周期较短等优点。在我国，胶印是书籍印刷的主流方式，是已形成统治地位的印刷手段，无特殊特定的要求，大部分的印刷品都采用胶印的手段。

胶版印刷是对印版上网点单元分解的蓝版、红版、黄版、黑版进行层次分解，在印刷过程中就能有效地表现出丰富的图像层次，从而得到理想的印刷品。通过网点成像原理，将图像经过电子扫描分色，图片信息和文本信息通过照相制版后进行印刷。印刷原理是将电子扫描制成的分色，一般分为蓝 C、黄 Y、红 M、黑 K 胶片版 (俗称菲林)，通过照相曝光，将需要的图像感光到 PS 印刷铝版上，而 PS 印刷铝版上的药膜经过弱酸腐蚀的原理制成印刷版。印刷时，先将 PS 印刷版装上印刷机，上油墨后再将 PS 版上的图像和文字信息翻印到胶皮版上，通过油水分离原理再转印到纸上。

现在胶版印刷的油墨调节完全靠计算机进行控制，印刷字迹均匀清晰、印刷速度快，通过 PS 分色版上色点的叠加和空间混合原理产生丰富多变的视觉效果。胶版印刷可分为四套色、六套色、七套色、八套色等印刷形式，油墨的印刷顺序是由浅到深。例如，四套色印刷，应先印黄色 Y 版、然后印红色 M 版 , 再印蓝色 C 版，最后印黑色 K 版。如今的胶版制版工艺可以直接输出 PS 印刷版，从而节约了印刷成本。

胶印机主要有圆压平型和圆压圆型两类：打样机属于圆压平型；印刷机一般为圆压圆型。按承印物不同，可分为平板胶印机和卷筒纸胶印机；按每台胶印机的印刷色数不同，又可分为单色机、双色机、四色机、六色机、八色机等；按印刷纸幅面大小不同，可分为四开机、对开机、全张机、双全张机等。胶印机的机型，如图 7-21 所示。

图 7–21

7.3.2 书籍印刷品深加工

书籍印刷品的深加工，通常是在已完成图文印刷的封面上，进行再加工技术，目的在于提高封面的耐光、耐水、耐热、耐折、耐磨的性能，增加封面的光泽，起到美化和保护封面的作用，同时也能提高封面的价值和档次。常见的封面深加工工艺包括上光、覆膜、上蜡、压箔等。

1. 上光工艺

上光工艺，是在封面表面涂（喷、印）上一层无色透明的涂料（光油），经流平、干燥、压光后，在封面表面形成一层薄而均匀的透明光亮层。封面上光包括全面上光、局部上光、光泽型上光、哑光上光和特殊涂料上光等，目的是使封面的视感更加美观，如图 7–22 所示。

图 7–22

2. 覆膜工艺

覆膜工艺，是将塑料膜涂上黏合剂，将其覆盖在以纸为承印物的印刷品上，经橡皮滚筒和加热滚筒加压后黏合在一起，形成纸塑合一的产品。图 7-23 为印刷好的封面，在覆膜机上进行覆膜的深加工。

图 7-23

覆膜使封面更加光亮，使怕水的纸有一层保护层，手感和视觉感也更加厚重，如图 7-24 所示。但是由于膜的塑料材质和纸材质的伸缩性不一致，时间久了会造成封面的卷曲和塑料膜与纸的脱离。

图 7-24

3. 压印工艺

压印工艺，是根据设计的需要对特有的图案或字体进行压印处理，如图 7–25 所示。

压印工艺的原理是根据图形形状以金属或石膏制成两块相配套的凸版和凹版，将纸张置于凹版和凸版之间，稍微加热并施以压力，纸张会产生凹凸变化。

图 7–25

4. 压箔工艺

压箔工艺，是对书籍封面上的图形或字体，根据创意的需要进行烫金或烫银的印刷制作，以增加装饰效果，这种方法也称为烫箔，俗称烫金，如图 7–26 所示。书籍制作中，应用压箔工艺主要是针对精装书籍。

压箔工艺的原理是借助一定的压力和温度，使金属箔或颜料箔烫印到印刷品或其他承印物上。在印后表面整饰加工中所用的箔一般是电化铝，称为烫印电化铝，经过压箔处理的图形或文本在视觉感上区别于没有压箔的地方，使图形或文字更加醒目。

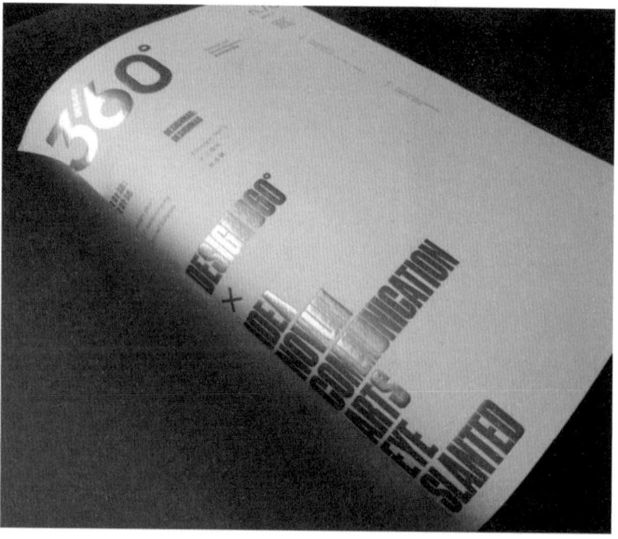

图 7–26

7.4 书籍印刷后期制作

7.4.1 装订前的折叠

书籍的装订是书籍印后的制作工作之一，装订就是将印刷好的版面折叠，再通过折纸机装订成书籍，如图 7–27 所示。

图 7–27

装订前将已印刷完成的版面的纸张按照页码顺序的书页进行整理，对印刷好的版面印版纸张进行折叠，即按照拼版时的结构进行折叠。折叠大致分为平行折页法、垂直折页法和混合折页法。

1. 平行折页法

平行折页法，是指每一次折叠都是以平行线的方向去折，如图 7–28 所示。平行折页法主要用于广告宣传单、画册等印刷品的折叠。

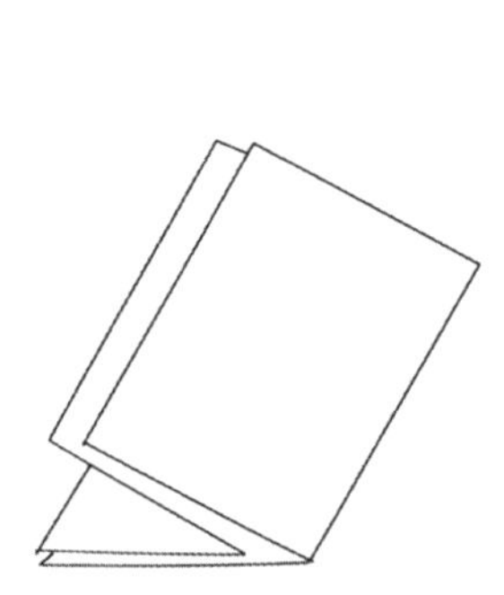

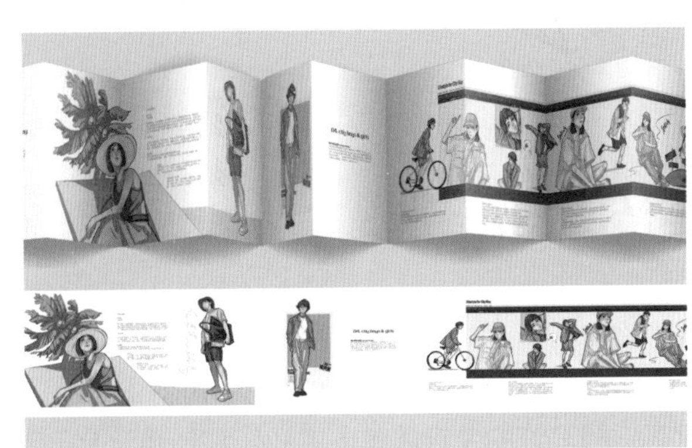

图 7–28

2. 垂直折页法

垂直折页法，是指每一次折叠后，至少有一次折线呈直角，如图 7-29 所示。垂直折页法大多用于书籍印刷品的折叠。

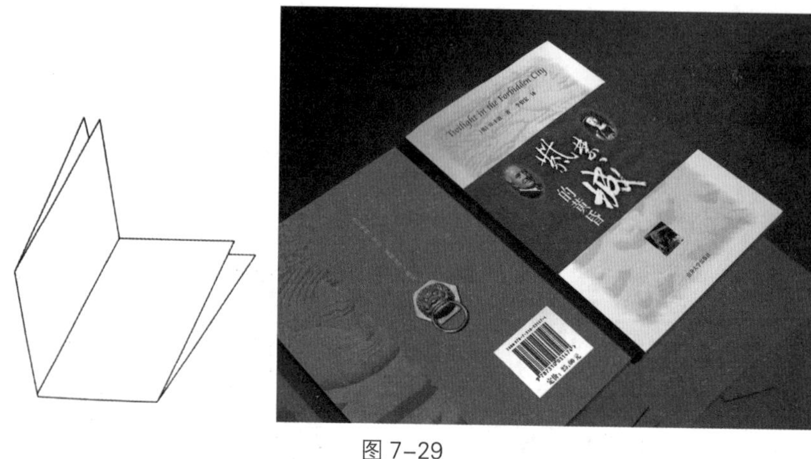

图 7-29

3. 混合折页法

混合折页法，是指在同一书籍印版中，既有平行，又有垂直的折页方法，如图 7-30 所示。用机器折成的折页，大多采用混合式的折法，折好后再装订成完整的书籍。

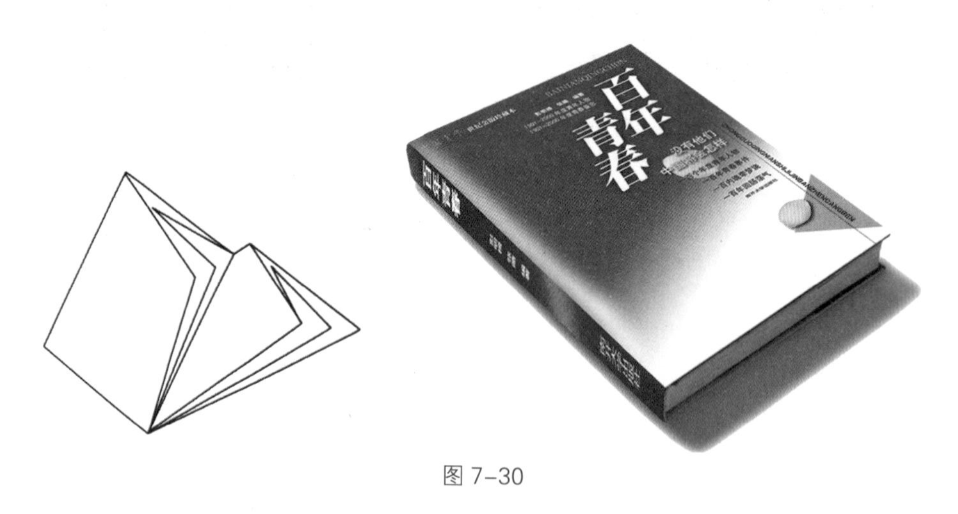

图 7-30

7.4.2 书籍装订形式

1. 骑马订

骑马订是使用两个或多个骑马订，订在书内的折叠处。使用骑马订的方式装订的出版物页面多在 48 页以下。骑马订的装订简单、专业，广泛用于期刊和宣传册中，配合现行骑马订装订机，使用效率更高，如图 7-31 所示。

图 7-31

2. 平订

平订是将印制完成并折页配贴成册的书页，在一侧用线或铁丝订牢。最早的平订装书籍使用铁丝，后来又出现了用塑料环、缝纫线来进行装订的形式。平订适合 100 页以下的书籍，通常应用于日历，如图 7-32 所示。

图 7-32

3. 锁线订

锁线订是将折叠好的书页，按照版面折叠顺序用线一帖一帖串联起来，如图 7-33 所示。锁线订可以装订任何厚度的书籍，其特点是装订牢固、翻阅方便，是如今出版书籍用得最多的装订形式。

图 7-33

4. 胶订

胶订是配好书页后，使用胶黏剂将书籍内页黏合在一起制成书芯，书脊锯成槽式，用手打成单张，经撞齐后用胶黏剂将书页黏结牢固，如图 7-34 所示。

图 7-34

胶订的书芯可用于平装，也可用于精装。精装书的封面、封底一般采用丝织品、漆布、人造革或草纸、皮革等材料，粘贴在硬纸板表面作为书壳。按照封面的加工方式，书壳分为有槽书脊和无槽书脊，书芯的书脊可加工成硬脊、腔脊和柔脊等，造型各异且美观坚固耐用，如图 7-35 所示。

图 7-35